软装设计师培养手册

DECORATOR TRAINING MANUAL

马 丽　温彦之　编著

化学工业出版社

·北京·

U0194411

内容简介

本书从理论到实践，从创意到表现，全面系统地讲解如何培养一名软装设计师，不仅适合软装设计课程的培训师阅读，而且适用于那些愿意自学成才、希望从业余爱好者精进为专业软装设计师的读者。全书共分为4章，第1章主要讲解一名软装设计师的基本素养和工作步骤、客户需求分析技巧以及进行高效沟通的方法。第2章讲解如何提升软装设计师的综合感知力，并且介绍了一系列获取软装创意灵感的方法。第3章在解析软装设计的五大要素特点基础上，帮助软装设计师掌握各设计要素的搭配技巧。第4章通过实际案例设计流程的深度分析，帮助读者迅速掌握软装设计工作方法，并进一步分析各种软装材料样板的形式美和应用价值。在学完本书后，你就能完全掌握一套可自我更新的软装设计方法，从容不迫地开始设计实践。

图书在版编目(CIP)数据

软装设计师培养手册 / 马丽，温彦之编著.—北京：
化学工业出版社，2020.12 (2025.1重印)
ISBN 978-7-122-38007-4

Ⅰ. ①软… Ⅱ. ①马… ②温… Ⅲ. ①室内装饰设计—
手册 Ⅳ. ①TU238.2-62

中国版本图书馆CIP数据核字（2020）第229771号

责任编辑：徐　娟　　　　　　　　　　　　　装帧设计：温彦之
责任校对：李雨晴　　　　　　　　　　　　　封面设计：王晓宇

出版发行：化学工业出版社(北京市东城区青年湖南街13号　邮政编码100011)
印　　装：涿州市般润文化传播有限公司
710mm×1000mm　　1/12　　印张14　　字数250千字　　2025年1月北京第1版第3次印刷

购书咨询：010-64518888　　　　　　　　　　售后服务：010-64518899
网　　址：http://www.cip.com.cn
凡购买本书，如有缺损质量问题，本社销售中心负责调换。

定　　价：78.00元　　　　　　　　　　　　　版权所有　违者必究

本书导读

身处互联网、物联网时代，人们可以轻松购得自己想要的美好事物，也能轻易变换生活空间的设计风格。的确，相比二十年前的重装修、轻陈设，当下轻装修、重陈设风潮不仅更能体现大众的个性化需求，而且更能彰显软装设计师的价值。近年来，在许多商业空间、办公空间、展览空间和文化空间等更新设计项目中，软装设计的重要性日趋显现。而且从就业趋向来看，很多原本在建筑、室内设计公司的设计师纷纷转入软装设计行业，而设计院校的毕业生也把目光投向了这个行业。在此背景下，本人初步调研发现，市场介绍软装设计方法及案例的书籍琳琅满目，但是寻觅一本谈及怎样培养一名软装设计师、怎样循序渐进掌握软装设计要素、怎样寻找创意灵感和提升创意技巧等问题的书籍，却不太容易。于是，本人希望结合自身15年的教育经验和设计经验，来写一本软装设计师的培养手册，为那些梦想成为软装设计师的朋友们提供自学方法，亦可为软装培训机构提供教学参考。

本书主要涵盖软装设计师的基本素养、工作步骤、软装5大设计要素、案例详解、软装方案设计工具与表现方式等。书中将探讨一些有效的学习方法帮助读者提高软装设计的关键技能。认真学完这本书，应该做到：

了解软装设计师的基本素养和工作方法；

了解软装设计的工作步骤；

掌握分析客户需求和高效沟通的技巧；

掌握获取软装创意灵感的方法；

学会分析软装设计五大组成要素；

学会快速制作一套完整的软装方案。

在系统学习了本书中的软装设计知识和方法之后，你就能激活自己的创造力，同时，你已经具备自我更新的设计能力了。此外，本人更希望每一名软装设计师能重视审美能力的提升。软装设计师应当不断地提升艺术修养和开阔眼界，阅读人类艺术史和观展是最直接有效的方式，切勿只做一名网络信息的搬运工。一名设计师努力的终极目标是创新，而不是复制粘贴。

马丽

2020年7月

目录

第1章 软装设计师的基本素养 / 1

1.1 做一名有艺术修养的软装设计师 / 2

1.1.1 你不可不读的东西方艺术史书单 / 3

1.1.2 你不可不逛的博物馆/美术馆 / 4

1.1.3 你不可不体验的自然景观 / 5

1.2 软装设计师的工作步骤 / 6

1.3 具备与客户沟通的能力 / 8

1.3.1 高效沟通能力的培养 / 9

1.3.2 善用目标管理法则 / 10

1.3.3 明确显在需求，分析可显需求，激发潜在需求 / 12

1.3.4 明确项目预算，量体裁衣 / 15

第2章 提升软装设计师的综合感知力 / 23

2.1 风格 / 24

2.1.1 室内设计风格简史 / 26

2.1.2 新中式风格 / 32

2.1.3 欧式风格 / 38

2.1.4 现代简约风格 / 42

2.1.5 混搭风格 / 46

2.1.6 关于风格创新 / 52

2.2 空间 / 54

2.2.1 空间的感知方法 / 55

2.2.2 空间对家具布局的影响 / 57

2.2.3 利用软装手段修补空间问题 / 58

2.3 色调 / 60

2.3.1 色彩认知和创造 / 62

2.3.2 配色技巧 / 68

2.3.3 配色案例分析 / 74

第3章　软装五大要素解析 / 77

3.1　家具 / 78
3.1.1 尺寸 / 79

3.1.2 结构 / 80

3.1.3 材质 / 81

3.2　灯饰 / 88
3.2.1 运用灯饰的三大误区 / 90

3.2.2 灯饰的位置 / 94

3.2.3 灯具的五种出光方式 / 101

3.3　花艺 / 102
3.3.1 花艺与花器搭配 / 104

3.3.2 盆栽花艺的运用技巧 / 108

3.3.3 花艺装饰的学习路径 / 110

3.4　布艺 / 112
3.4.1 布艺的四大功能 / 112

3.4.2 织物的质地和触感特点 / 115

3.4.3 织物的搭配技巧 / 116

3.5　艺术品 / 122
3.5.1 艺术品陈列注意事项 / 126

3.5.2 艺术品的混搭技巧 / 130

第4章　软装方案的表现方式 / 133

4.1　软装方案设计与制作 / 134
4.1.1 6个步骤完成一套软装设计方案 / 135

4.1.2 软装App使用小贴士 / 138

4.1.3 美间软装方案分析 / 144

4.2　软装材料样板制作 / 150
4.2.1 材料样板的形式美分析 / 151

4.2.2 材料样板的应用案例解析 / 154

参考文献 / 159

后记 / 160

第 1 章　软装设计师的基本素养

* 提升艺术修养的三条路径：历史、人文、自然

* 了解软装设计师的工作流程

* 调整思维模式，掌握沟通技巧，透视客户需求

1.1 做一名有艺术修养的软装设计师

艺术史就是一部记载人类文明的图像史。从古至今，人类通过图像来记录和了解过去发生的故事。

假设一名软装设计师不了解人类艺术史、不知道艺术发展的历程中那些经典故事、不了解重要艺术家的创作思想、也不能准确分辨各种艺术流派的风格差异，那么可以断定，这位软装设计师还没真正踏入艺术设计的大门。本部分首先讲一下为什么从历史、人文和自然三个视角来提升

艺术修养显得如此重要，其次推荐一些具体的书籍、博物馆、美术馆、名胜地，由此让大家看完本书后能立即行动起来，从历史、人文和自然中汲取设计灵感，帮助大家结合工作需要解决问题。

庄子说得好："吾生也有涯，而知也无涯"。求识也罢，旅行也罢，终究是在有限的时空中去体验，但是如果我们能保持一颗富有冒险性的心，去探索虚无的精神，并将我们探索所得的一小部分转化为

可视的成果，这将是我们人生中极大的幸事。那些富有创造力的作家、艺术家、设计师通过书籍、画作和设计作品将他们的心灵世界展现给我们，让我们的艺术修养、人生境界、思考水平得到提升。希望大家带着愉快和满足继续学习软装设计，成长为一位有艺术修养的软装师。

1.1.1 你不可不读的东西方艺术史书单

20年前笔者进入清华大学美术学院求学时，给我讲授外国工艺美术史的是张夫也教授，讲授中国工艺美术史的是尚刚教授，讲授设计艺术史的是李砚祖教授，那是我第一次正规地接触艺术史论课，感觉要学习的知识太多了，怎么学也学不完。当时这些教授的名字在学界如雷贯耳，但是年轻的我还不知道，如今追悔当时没能

多多请教，只是在百余人一起上的公共课上，听他们娓娓道来人类历史上的美好物品及背后的故事，却不知这颗艺术史论的种子已经埋进我心里。之后，不论我做设计项目，还是做学术研究，或者给学生讲课，都会按照艺术史的研究思路，厘清事件或事物的源头、时代背景和发展脉络。正如本书的1.1部分指出的提升艺术修养的

第一条路径，即是回溯人类文明历史中一直以来如何不间断地创造出如此众多美好的艺术作品。我相信，不论是从事软装设计，还是软件开发设计，凡是与创造美好生活目标有关的从业人员，都应该读一读艺术史，你一定能被这些书籍激发更多的创作灵感，你的眼光、品位、智慧将会在潜移默化中得到提升。

遵循以下两个标准推荐6本书：
① 适合大众读者一口气读完，文字浅出易懂。
② 内容与配图符合艺术史学研究，图文考据明确。
具体书名见右侧书目清单，每本书的简介在本页二维码中，方便读者保存和查阅。

1.《DADA 全球艺术启蒙系列》
2.《墨 · 中国文化艺术启蒙系列》
3.《如何读中国画——大都会艺术博物馆藏中国书画精品导览》
4.《小顾聊绘画》（上、下册）
5.《写给大家的中国美术史》
6.《写给大家的西方美术史》

1.1.2 你不可不逛的博物馆/美术馆

为了开阔视野和提升设计水平，2010 年圣诞节前夕，我到法国和德国参观当地的博物馆和美术馆展陈设计。这次行程我总共参观了两国二十多个不同类型、不同年代的博物馆或美术馆，确实是大开眼界。在参观的过程中，我边拍照边思考：艺术的价值是什么？人类为什么需要艺术？因为我没有做好准备，没有提前了解艺术家创作的思想和时代背景，当我亲眼看到《蒙娜丽莎》《睡莲》等世界名作时，却没有得到答案。几年后，我又去荷兰、丹麦、意大利、美国、日本旅行，出发前，我读了一些艺术史论书籍，特别是对凡·高、达·芬奇、米开朗基罗这些世界著名的画家个人传记有所了解，还有一些自己特别喜欢的建筑师、设计师，如贝聿铭、弗兰克·盖里、汉斯·瓦格纳、妹岛和世等，熟悉他们的作品和设计思想，所以在旅行中，我的收获就更多了。也正是这样，我才明白我们创作的过程就是让我们的生命充满意义的一次旅行，艺术是为了创造而生的。然而，在参观一些当代美术馆时，我又在质疑这一点，因为我从当代艺术家的作品中感受到艺术创作是在进行一场精神上的游戏，艺术家是游戏的创造者，玩家可以是任何人，游戏的结果并不是艺术家所关心的，在场和体验才是重要的。

在此分享一部分我曾去过的博物馆和美术馆目录，其简介和图片放在二维码里，大家可以扫码下载。

1. 中国：北京故宫博物院
2. 中国：台北故宫博物院
3. 中国：上海博物馆
4. 中国：上海当代艺术博物馆
5. 英国：大英博物馆
6. 英国：维多利亚阿尔伯特博物馆
7. 英国：泰特现代美术馆
8. 美国：美国国家美术馆和东馆
9. 美国：大都会博物馆
10. 美国：纽约古根汉姆博物馆
11. 美国：纽约新当代艺术博物馆
12. 法国：卢浮宫
13. 法国：奥赛美术馆
14. 荷兰：荷兰国家博物馆
15. 荷兰：梵高博物馆
16. 荷兰：荷兰当代艺术博物馆
17. 丹麦：丹麦设计博物馆
18. 日本：日本国立新美术馆
19. 日本：北斋美术馆
20. 意大利：博盖斯美术馆
21. 意大利：佩吉·古根海姆博物馆
22. 意大利：乌菲齐美术馆
23. 梵蒂冈：梵蒂冈博物馆

1.1.3 你不可不体验的自然景观

1. 海岛
2. 湖畔
3. 冰川
4. 森林
5. 戈壁
6. 草原
7. 峡谷
8. 沙漠……

　　我是一个爱旅行的人。回想过去20多年的旅行，每次规划旅行路线都属于随意而为之，没有点到点的规划。2012年我在新西兰自驾，突发奇想开车横穿新西兰南岛，最后用一天的时间就达成目标。也有些景色我特别喜欢，连续3天都去，例如长白山的天池。这些年我去看过的自然景观不少，例如我国的青海湖、长白山天池、新疆喀纳斯湖以及瑞士的博登湖，巴厘岛的海岛风景，新西兰的冰川，德国和新西兰的森林，可可西里的大戈壁，新西兰的草原，美国的大峡谷，新疆的沙漠……亲身体验这些自然景观，除了收获对自然的敬畏之心外，更重要的是我开始从更宏大的层面看到人类的渺小、自然的伟大、宇宙的浩渺。当然，我也从自然之中吸取了很多创作灵感。整理一些以自然为设计主题的作品，详情见本页二维码。

　　"一个真正的旅行家必是一个流浪者，经历着流浪者的快乐、诱惑和探险意念……一个好的旅行家绝不知道他往哪里去，更好的甚至不知从何处而来，他甚至忘却了自己的姓名……流浪精神使人在旅行中和大自然更加接近。"这是林语堂先生在《生活的艺术》中向读者精辟地解释他所认为的什么是最高级的旅行以及旅行的方式。当今社会，我们很容易来一场说走就走的旅行，到过的地方也很多，但是每次的旅行是否能像林语堂先生这样说的，真正地与自然亲近呢？还有一种旅行，就是不为看什么事物，只是去某个地方看"虚无一物"，这种心情有点像你脑海里突然有个声音说"来一场说走就走的旅行吧！"当你将旅行视为一次有目的的活动，那么你也就离"虚无"渐行渐远了。旅行于我，就是让我暂时离开长久的定居之地，回到自然中放空自己，抛开人类这个小圈子里的琐事，被山水牵引着去接受自然的洗礼。

1.2 软装设计师的工作步骤

步骤 1　勘查现场

　　了解硬装基础状况，拍照。

步骤 2　了解客户需求

　　了解客户的生活方式，研究客户的显在需求、可显需求和潜在需求。

步骤 3　案例分析、确定设计目标

　　从风格、空间和色彩三个方面搜集意象图，与客户明确设计目标、软装流程和工作计划。

步骤 4　签订软装设计合同

　　与业主签订合同，尤其是定制家具部分，确定订货时间和到货时间，以便不会影响进行室内软装设计。

步骤 5　精量空间尺寸，绘制平面布局图

　　在软装设计方案初步成形后，软装设计师带着工具和软装设计方案初稿反复考量，感受现场的合理性，对不合理的地方进行修改与核实。

步骤 1　　　步骤 2　　　步骤 3　　　步骤 4　　　步骤 5

勘查现场　　　了解客户需求　　案例分析　　　签订软装　　　精量空间尺寸
　　　　　　　　　　　　　　确定设计目标　设计合同　　　绘制平面布局图

步骤 6　完成方案设计（电子稿）

在软装设计方案与业主达到初步认可的基础上，结合各项软装配饰的价格及组合效果，按照配饰设计流程做出配饰设计方案。

步骤 7　向业主汇报软装设计方案

向业主系统全面地介绍正式的软装设计方案，并在介绍过程中不断反馈业主的意见。征求所有家庭成员的意见，以便下一步对方案进行归纳和修改。

在向业主讲解软装方案后，深入分析业主对方案的理解，让业主了解软装方案的设计意图。同时软装设计师也应

针对业主反馈的意见，对方案进行调整，包括色彩、风格等软装整体配饰里一系列元素的调整与价格调整。

步骤 8　确认定制列表和采购列表

与业主签订采买合同之前，先与软装配饰厂商核定价格及存货，再与业主确定配饰。另外，要和工厂对接清楚定制清单核对和验收日期。

软装设计师要在家具未上漆之前亲自到工厂验货，对材质、工艺进行初步验收和把关。在家具即将出厂、准备送到现场时，设计师要再次对现场空间进行复尺。已经确定的家具和布艺等尺寸

在现场进行核定。

步骤 9　进场与安装

配饰产品到场时，软装设计师应亲自参与摆放。对于软装整体配饰的组合摆放，要充分考虑到各个元素之间的关系以及业主的生活习惯。

步骤 10　调整与交付

软装配置完成后，应对业主室内的软装整体、配饰进行保洁、回访、跟踪、保修、勘查及送修。

步骤 6　步骤 7　步骤 8　步骤 9　步骤 10

完成方案设计（电子稿）　向业主汇报软装设计方案　确认定制列表和采购列表　进场与安装　调整与交付

1.3 具备与客户沟通的能力

怎样才能成长为一名沟通能力强的软装设计师，搞定各种类型的客户呢？除了修炼艺术内功外，还要拓展人脉，学会与人打交道。而"沟通"是一个值得大家花时间和精力去提升的基本设计技能。

首先，我们要搞清楚沟通是什么？我们怎么界定沟通的范畴？从心理学角度讲，沟通是让双方理解彼此的想法，因为人类的大脑是一个黑箱，无法直接窥探其内部，于是人类借助语言、视觉语音、肢体语言等工具让信息传递和接收，其目的是达成共识。而从管理学角度讲，沟通的目的让双方就各自的利益需求达成一致，双方每次沟通的有效信息数量是可以量化评估的，进而可以趋近或远离各自的目的。

下面我们来分析一下设计师为什么要学会沟通。沟通是为了更好地服务客户，为了获得更多的设计项目，说到底，是为了更好地生存。沟通能力强的设计师，能够抓住客户的需求要点、易于与人合作、工作效率高，能让自己设计方案被他人认可，等等。与之相对，沟通能力弱的设计师，有可能被客户投诉、被老板挑刺、被队友嫌弃，这些都不算什么，最可怕的是自我否定。大多数人初入一个不熟悉的行业时都会有丝丝恐惧，那么战胜恐惧，掌握一项可以通过学习和培训而获得的技能，例如沟通，就能帮助我们的职业和生活步入正向发展的轨道，越来越好。

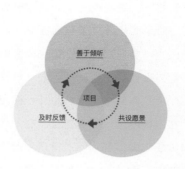

图1-1 高效沟通能力的培养

1.3.1 高效沟通能力的培养

不懂得心理学和管理学的人不是一个好的设计师，这是笔者对当今一代设计师培养的基本出发点。显然，沟通能力就成为设计师职业培训的入门第一课。事实上，历史上每一位善于沟通的哲学家、科学家和艺术家都是值得我们研究和学习的对象：古希腊伊壁鸠鲁学派在广场上传播哲学思想，孔子周游列国传道授业解惑；达·芬奇开启了解剖学和生理学科学的研究，他用绘画的方式再现了解剖后的各个身体器官，而伟大的宇宙学科学家霍金虽然全身只剩下小指

头可以活动，仍然有办法将大脑中的思想和情感输出，与世界"对话"；卡拉瓦乔利用画作演绎故事的才华与毕加索不断创新的表达手段都体现了他们在思考如何将脑海中的思想传递给他人，与时代"沟通"。

每个人的沟通方式都不同，那么我们怎么做才能提高自己的沟通能力呢？

从人才培养的角度，我们可以借鉴管理学的方法，有意识地培养自己"善

于倾听——设定共同愿景——及时反馈"的能力，并且不断地循环往复练习，直到内化为条件反射，直到在团队中形成良好的沟通氛围，直到与客户建立起"情感账户"。现在我们结合图1-1来看看"善于倾听——设定共同愿景——及时反馈"的特征是什么？

我们都有过类似的体验，跟一个良好的倾听者在一起，你会越聊越兴奋，原本不想说的话也说出来了。现在面对客户，你首先要坐下来听。

我们要多听少说，言语少而精，才能给倾听者留出更多的机会和时间。为了听到更多的客户需求，我们应该学会提问和复述。提问绝对不能显示出你的无知，而是要让客户了解到你对项目的细节比他还要在意。客户花钱请来设计师，看到设计师比自己还上心，对设计师的评价是不是更高呢？此外，提问的价值在于帮助设计师明确自己的工作目标和责任范围，也是为了提高后续设计环节的工作效率。设计师可以在项目开始设置一些封闭式提问，封闭式提问的答案一般分为两种，一种是明确的"是"或"否"，另一种是可明确"数量"。例如询问客户的功能需求时，可以提问"多少人使用房间？""有几位老人和小孩？""有没有住家保姆？设计师还可以询问一下客户的特殊需求，例如"是否对羊毛地毯过敏？""是否养宠物？""是否使用过竹木地板？"目的是帮助设计师了解客户的基本需求。

与封闭式提问相对的是开放式提问。经过专业培训的设计人员，有着专业知识背景和实施经验，很清楚软装流程以及可能出现的问题。当客户面对几十种材料样板或者眼花缭乱的装饰品发怵和犯难时，设计师不能硬推自己觉得对的、好的方案，而是要通过开放式提问帮助对方梳理出真实的想法。开放式提问是以尊重个体的内心需求为前提，没有标准答案，可以以"怎么样"或"感觉如何"的句式提问，例如"这套沙发的颜色和材质给您感觉怎么样？""您看到什么样的场景感觉温馨？可以回忆一下吗？"一个善于倾听的设计师必定善于提出各种开放式问题，可以将客户表达出来的信息进行归纳式分析，也可以深挖客户的潜在需求并进行分析。由此可见，开放式提问不仅能提升双方的沟通效率，还有助于建立彼此之间的信任感。当然，这样的沟通确实要比封闭式提问需要更多的时间，但是一切都是值得的。

1.3.2 善用目标管理法则

下一步是"设定共同愿景"。"愿景"就是我们俗称的"目标"。在设计项目时，初入职场的设计师的心态是：收设计费，替客户解决问题。成熟一些的设计师的心态则是：以客户为中心，帮客户实现梦想。还有一些设计师的想法则是：让客户成为有设计创造力的人，让客户也爱上设计，虽然这样的设计师不多，但这些设计师都是设计师中的精英。

不论是上述哪一种心态，都包含一个重要的工作前提，即设计师和客户达成共识，共同设定一个双方都认为合理的可实现的目标。西方管理学领域有一个非常著名的目标管理法则——SMART法则，据此，项目管理者可以制定出科学、合理、可实现的目标（图1-2）。

图1-2 目标管理法则——SMART法则

"S"：是Specific（明确具体）的缩写。表示目标必须是明确具体的，只有这样双方才能正确地理解。例如：总工程造价300万元，其中100万元用于软装部分。软装产品制作时间是本月10日至下个月20日，软装工人进场时间是下个月25日，软装验收日期是下个月最后一天。简单来说，设计师设定的目标越具体越有利于后续工作。

"M"：是Measurable（可量化）的缩写。表示目标不是一句大而空的话，而是可以计算的，例如以图纸数量为单位计算工作时长或设计费，制定本项目要完成100张设计图，每位设计师必须设计20张图纸。

"A"：是Attainable（可实现、可接受）的缩写。如果制定的目标不被团队成员所接受，那么这个目标形同虚设。如果制定的目标超出客户的预算和自己的工作能力，那么也是毫无意义的空想主义。

"R"：是Realistic（符合实际）的缩写。世界上万物相联，目标也是如此。既然我们要完成一个可实际建造的空间，那么目标设定一定要考虑客户实际的需求、产品的特性、工人的工艺和工程预算等因素，全面而客观地分析形势，以确保我们制定的目标可以实现。

"T"：是Time-limited（有时间限制）的缩写。显然，设定目标符合SMAR原则不难，一旦加上时间限制，就发现原有目标不够具体、不能量化、不可实现、不符合实际条件。那怎么办？只能调整目标了。

在与客户沟通的过程中，我们要眼观六路、耳听八方，敏锐捕捉客户的需求。当我们在开展具体的沟通工作时，已经具备了"倾听"和"愿景"两大基本条件，剩下一件事就是"及时反馈"。"及时反馈"是设计师工作流程中非常重要的"小而重要的事情"，设计师要及时反馈图纸上已经改动的部分给其他专业的同行，或者及时反馈现场安装和调试设备中遇到的限制性因素。只有做好及时反馈工作，才能保证一项设计工程的顺利实施和完工。

1.3.3 明确显在需求，分析可显需求，激发潜在需求

1943 年，人本主义研究者亚伯拉罕·马斯洛提出"马斯洛需求层次理论"，其基本内容是将人的需求从低到高依次分为生理需求、安全需求、社交需求、尊重需求和自我实现需求。马斯洛需求层次理论是人本主义科学的理论之一，其不仅是动机理论，同时也是一种人性论和价值论。马斯洛认为，人类具有一些先天需求，越是低级的需求就越基本，越与动物相似；越是高级的需求就越为人类所特有。同时这些需求都是按照先后顺序出现的，当一

个人满足了较低的需求之后，才能出现较高级的需求，即需求层次。马斯洛需求层次理论在现代行为科学中占有重要地位。马斯洛需求层次理论是管理心理学中人际关系理论、群体动力理论、权力理论、需要层次理论、社会测量理论的五大理论支柱之一。

从设计流程的角度来看，设计师为客户提供软装解决方案，必然要先了解客户的需求。根据马斯洛需求层级理论，可将

客户的设计诉求归入金字塔中的五大层级（如图 1-3），同时对应三个设计区间：显在、可显和潜在，帮助你自己明确哪些需求可以通过显在设计手段来体现，哪些需求可转化为显在设计，同时将模糊不明的需求放在潜在区间中，进一步沟通时，对这些潜在区间的需求进一步挖掘。换句话说，当你跟客户沟通时，你在一边记录客户的诉求，一边将他们的诉求按照生理、安全、社交、尊重和自我实现进行层级区分，同时将这些需求横向分为利用软装设

计来表达的区间。哪些需求可以通过显在方式体现，你就放入显在区间。例如客户不喜欢红木家具，可以追问清楚，是家具坐起来不舒服呢？还是不喜欢这种风格？如果回答是前者，说明这个需求是显在的，如果是后者，说明这个需求是可显的。一般而言，设计师必须尊重客户的显在需求。如果你的软装方案让客户感觉生理和安全需求未被满足，那么即便你尊重了客户的可显需求，可能他们的满意度也不高。

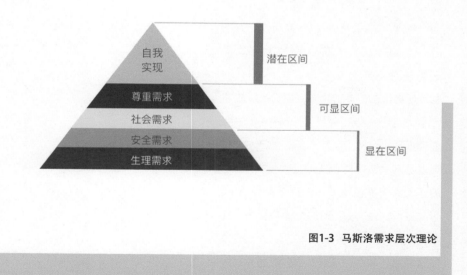

图1-3　马斯洛需求层次理论

我们可以使用网状图来比较两个软装设计方案的优势或劣势。网状图中，多边形的大小能快速显示设计方案的综合优势。那什么情况下使用网状图呢？在软装设计初步沟通阶段，当你要向客户提供初步方案和意向图时，先给客户介绍两个不同的案例，再用图1-4这张网状图与客户沟通，就可以清楚地了解客户看重方案的什么特点。之后，你可以在提交设计方案时，让客户从功能、价格、日常维护、搭配和美感五个方面打分（1～5分），每项优势给出的分值越高，说明他对软装方案的这个优势评价更好。从图1-4中我们很容易比较两个软装方案的优势，首先可以看网状图中橘色图形（软装方案A）的面积大于黑色图形（软装方案B）的面积，显示软装方案A的综合优势显著。其次，图1-4中橘色图形还不是一个正五边形，是因为客户在日常维护和搭配两方面给的分值不是5分，说明设计师可以从这两方面进行设计方案改进。

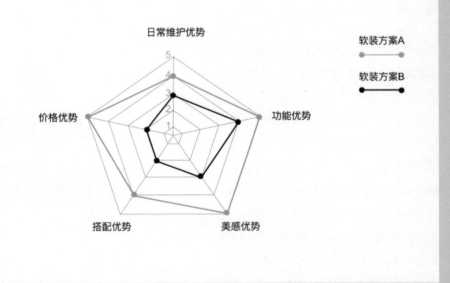

图1-4　通过网状图来比较分析客户的偏好

1.3.4　明确项目预算，量体裁衣

商人逐利和普通老百姓追求性价比高其实是一个道理，就是以最低的成本获得最高的收益。作为设计师，从古至今都是"替他人做嫁衣"。倘若用一句话来概括，那就是：替客户花钱要"花"得值得。

如果在一项室内设计工程中，软装设计师一开始就介入整个设计工作流程，与室内设计师、结构工程师、建筑师、水电设备工程师等协同工作，那么软装设计工作的价值从一开始就显现出来。不过，请先不要得意忘形，正因为重要，所以当室内设计方案确定时，软装设计师就要非常清楚最终出现在项目中所有物品的类型、数量和产品价格，当然要有一个清单，而且要反复和室内设计师等其他专业部分落实和叮嘱，同时还要在图纸上反复再三确认。例如平面总图上或者效果图里显示三盏水晶吊灯，软装设计师首先要选好实际使用的灯具产品样式，然后确定尺寸、型号、灯泡数量，在图纸上标出安装点位、开关位置和布线方式（串联或并联），如此一来，才能在不超预算的情况下达到设计效果，显示出软装设计师的价值在于直面客户，直接影响客户对设计效果的评价。

当然，一项优质的设计项目，"面子"和"里子"同样重要，作为一个成熟的设计师，要善于利用工程中所谓"硬装"来降低"软装"成本，这是体现软装设计师的功力之处，但是注意不要给客户造成一个印象：你没有做软装设计。常常看到这样的办公室改造项目，传统的做法是软包或贴墙板，那么需要这样体现软装设计智慧：可以处理为清水混凝土风格的艺术漆面，但是颜色要经过重新搭配，涂料的肌理也要重新考量一下，出来的艺术效果还不错，也没有增加材料的成本。

软装设计方案确定之后，设计师可以利用一些软装软件直接导出一张物料清单（如表1-1所示，详细可见本书4.1部分计算机辅助设计步骤及案例分析）。在给客户汇报室内设计方案时，利用这张预算表可以进一步帮助客户了解工程造价，让客户知道每一分钱花在哪里，同时也会收获客户对设计师的信任。

表1-1 物料清单

儿童房-再创作

单品	单品名称		详细描述		数量	购买渠道	价格
1	朴作-三抽书桌 系列 朴作Pure Life 品牌 分类 书桌		风格 北欧风 颜色 米色 材质 密度板 不锈钢 尺寸 1300*600*750mm		x 1		¥ 3358.8
2	微光空间 简约现代多比冶灯 P71... 品牌 微光空间 分类 吊灯		风格 现代 颜色 粉色 材质 尺寸		x 1	淘宝链接	¥ 1104
3	后现代个性北欧极简儿童房女孩... 系列 品牌 差点艺术ALMOST ART 分类 台灯		风格 北欧风 颜色 粉色 材质 铜 尺寸 28*50cm		x 1	淘宝链接	¥ 594
4	LILIL装画抽象水彩客厅画北欧... 系列 LILIL装画、抽象水彩 品牌 LILIL装画 分类 装饰画		风格 现代 颜色 粉色 材质 油画布 PS 尺寸 30*100cm (40*120/60*1...		x 1	淘宝链接	¥ 204.6
5	尼沃肯窗帘 系列 品牌 IKEA宜家 分类 窗帘		风格 北欧风 颜色 粉色 材质 100%棉 尺寸 1200*1750		x 1	淘宝链接	¥ 149
6	软语简欧刺绣窗纱窗帘 系列 GF141205 品牌 GAFUHOME 分类 窗帘		风格 简欧 颜色 白色 材质 涤纶 尺寸		x 1	淘宝链接	¥ 58
7	青木铺子／北欧丹麦原创设计羊... 系列 品牌 青木铺子AOKI SHOP 分类 地毯地垫		风格 北欧风 颜色 黑色 材质 羊毛+棉 尺寸 1800MM×2300MM		x 1		¥ 0
8	时尚韩式现代城布刺绣粉色公主... 系列 品牌 世宝佳华SHIBAOJIAHUA 分类 床品		风格 现代 颜色 粉色 材质 涤纶 尺寸 1.35m4.5英尺(1.5m5英尺...		x 1	淘宝链接	¥ 0
9	床品 系列 品牌 分类 床品		风格 颜色 材质 尺寸		x 1		¥ 0
10	系列 品牌 分类		风格 颜色 嫣红 材质 尺寸		x 1		¥ 0
11	系列 品牌 材质		风格 颜色 浅灰 材质		x 1		¥ 0
共计商品：					x 11	总价：	¥ 10100.4

初入职场的设计师常常自以为是。面对有限的项目预算和客户的高要求，需要大家及时调整心态，为客户"量体裁衣"。绝不是让你放弃对创意和创新的探求，反而是要在限制性的条件中，充分发挥你的创意，提出绝妙的解决方案。另一方面，软装设计师的工作日常除了画图外，更多时间是要跟进项目的所有环节，直到项目交付，这个过程很漫长，设计师相当于项目的管理者，所以很有必要培养自己的项目管理方法。这里给大家提供了软装项目常用可视化图表，帮助大家学会规划项目流程、工作量和计划表。

工作量的计算方式因项目规模、参与团队人数、设计任务要求等因素而灵活变通，况且在现实生活中，设计团队与施工团队相互配合，工作量常常根据项目实施过程中出现的问题出现增减，作为设计师，我们要接纳这是工作常态。

那么就有设计师提问，既然工作量会改变，为什么还要计算工作量呢？这是一个好问题，如果要制订一个详细的时间表，就要非常清楚每一个环节有多少人和多少时间投入进去，因为人力和时间最终都是与预算挂钩的。既不可能超出预算做额外的设计工作，也不可能不做工作获得相应的报酬。由此可见，作为设计团队的一分子或者带领一个团队投入一项实际项目，都非常有必要以小时为单位来安排团队各个成员以及自己的工作，进而才能确定整个项目所需要多久的时间能够完成。

表1-2 设计师工作计划之"多任务协调计划表"

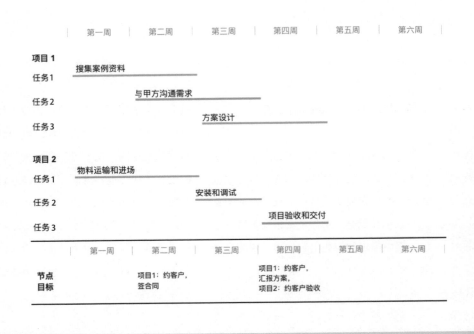

作为一名软装设计师，在展开设计工作之前，务必要制订一份工作计划时间表，建议使用甘特图的形式，如表1-2。设计计划表的意义无需多说，它可以帮助你提高工作效率和沟通效率。设计计划表时应注意以下事项。

①不论你正在负责的项目有多少，建议这个时间表能汇总同时进行的项目，这样你可以对项目之间的优先级有一个明确的认识。当然，如果跟你的客户沟通工作计划，可以只截取其中一个项目时间表，而不是给客户展示所有的项目计划表。

②时间单位建议以周为基本单位。如表1-2所示，一个项目中分几个子任务，你需要大致安排每个任务的起点和终点，并在表格中以不同色块的条状显示，如表1-2项目1的任务1为搜集案例资料，需要两周时间；任务2为与甲方沟通需求，是从第二周开始，持续到第三周；任

务3是进行方案设计，从第三周开始持续到第四周。如果想增加更详细的内容，不要直接写在条状图里面，而是插入一个批注。这样可以保持图表简洁明了的状态，既能看清整个计划，同时又能点击批注了解详情。

③要在表格的最下方设置一栏"重要目标和时间节点"，填入关键词，例如第二周"本周三约见客户，签订合同"，第四周"约客户下周五，汇报设计方案"等。

根据项目的工程预算表，更容易确定硬装施工团队的工作量。而室内设计师和软装设计师的工作量不容易确定，常常根据客户提出的项目任务书进行，万一客户没有项目任务书，建议设计师也要自己拟订一份设计任务书，并且与客户确认设计团队的工作方法、每个成员的任务内容和工作时长。这个步骤千万不要忽略，以免因工作量和责任不明确引发不必要的纠纷。

表1-3 项目状态评估表

任务进程	最后期限	软装项目1	软装项目2	影响因素分析	改善措施
1、签合同	2020.2	●	●		
2、方案设计	2020.4	●	●	设计师因病休假	召集设计师开会，重新明确主案设计师。
3、物料采购	2020.5	●	●	物料总报价超出预算	检查清单，列出超预算物料，联系厂家提供替代品。
4、物料进场	2020.7				
5、现场布置	2020.7				
6、客户验收	2020.8				

任务状态　　● 延期　　● 正常　　● 完成

当我们确定了工作量之后，要第一时间与客户进行确认，因为在为之服务的重要阶段，例如软装方案和材料确认、产品采购单确认、项目验收时，设计师务必要直接给客户汇报设计细节和沟通实施情况。这时，为了提高沟通效率，我们可以应用"项目状态评估表"进行可视化沟通（如表1-3所示）。

软装设计师不仅要熟悉整个工作流程，在与客户明确项目计划的同时，需要与团队成员共同制订任务状态表，便于及时了解项目进行过程中出现的问题、重新评估任务是否能如期完成，才能及时调整策略，解决问题，以确保项目在正轨运行。下面举例说明怎么使用"项目状态评估表"。

第一列显示现在进行中的项目，譬如正在进行的软装项目1和软装项目2。状态包括三种：延期、正常和完成。表1-3中橙色圆点表示任务延期，灰色表示任务正常进行中，黑色表示任务已完成。一般使用醒目的颜色来表示延期状态，可以快速引起你和团队成员的注意。当你发现项目状态评估表格中有橙色圆点，你就需要关注一下问题和原因，分析其影响进度的因素，并且标注改善措施。例如表1-3中显示软装项目2的方案设计是橙色红点，表示延期，分析影响因素为缺少人工，这时的改善措施可以是召集其他设计师开会，重新明确主案设计师是谁。软装项目1，根据方案采购物料，供应商的总报价超出客户的预算，改善措施则是检查清单中哪些物料超预算，列出表格并联系厂家提供替代品。一般地，设计师可以每周五检查这个表格，了解项目中各任务状态，并及时将此表格发送给客户和团队成员。不仅向客户展示出设计师的项目管理能力，也提高了沟通效率。如果你学会了与客户进行可视化沟通，将大大提升你的工作效率，以及项目管理的能力，当然也会与客户建立良好的关系，以便获得更多项目资源。

学完本小节内容，你不仅学习了软装设计和实施的全工作流程，还可以学会如何剖析客户的需求，如何与客户建立良好的沟通。首先要明确告诉客户你的工作全流程。只有当客户了解你工作的流程，他才能理解你提交的工作计划表中每项任务所需的时间与成本之间的匹配关系。刚入职场的设计师基本上都不会跟自己的客户做"工作时间"的沟通工作，究其原因在于设计师不清楚自己做一项设计工作要花多少时间才能做好。其实也不必太沮丧，有很多的机会可以获取这些经验：第一步，学习书本上推荐的"时间管理"方法；第二步，角色扮演，模拟一个项目，假设一个客户的背景和任务书，整理他的需求、假定三个共同愿景、确定项目预算；第三步，利用一些App工具将工作计划表做可视化处理。作为初学者，上述过程可以不断演练。此外，可以应聘设计公司的实习生，到实际项目中跟随资深设计师学习如何制订工作计划，如何与甲方沟通会议时间，如何协调团队内部成员的时间等。现在有很多学生在大学本科三年级就开始进入各个设计公司或独立设计师工作室进行实习，等到本科毕业时，他们已对设计师职场的工作流程和计划形成了较为完整的认知。

第 2 章　提升软装设计师的综合感知力

* 熟知艺术设计流派特征，准确定位软装设计风格

* 学会利用软装要素来调整不尽如人意的空间尺度

* 学会利用软装色彩来组织人们的视线

2.1 风格

当今的年轻设计师们，言必称自己的设计追求复古或前卫，信誓旦旦地说自己的工作正在不断创新。我非常钦佩他们的自信和努力。只是希望大家在追求不同风格的同时，不要忘记研究艺术发展史，了解以往各个艺术流派为何兴起，特点是什么。这有助于设计师为客户提供可提高他们审美品位的软装方案。

图2-1有助于大家大致了解对设计界产生重要影响的艺术流派种类及其兴起的年代。现代艺术流派历史性出现，共时性存在，其中一些艺术流派对后世影响深远，例如新艺术运动的艺术风格、包豪斯艺术风格，当然也有一些艺术流派昙花一现，可能已经退出历史，例如达达主义风格。以后大家再给客户讲解软装风格时，不要忘记先做一个铺垫，阐述你的风格定位是基于艺术史的发展和演变。

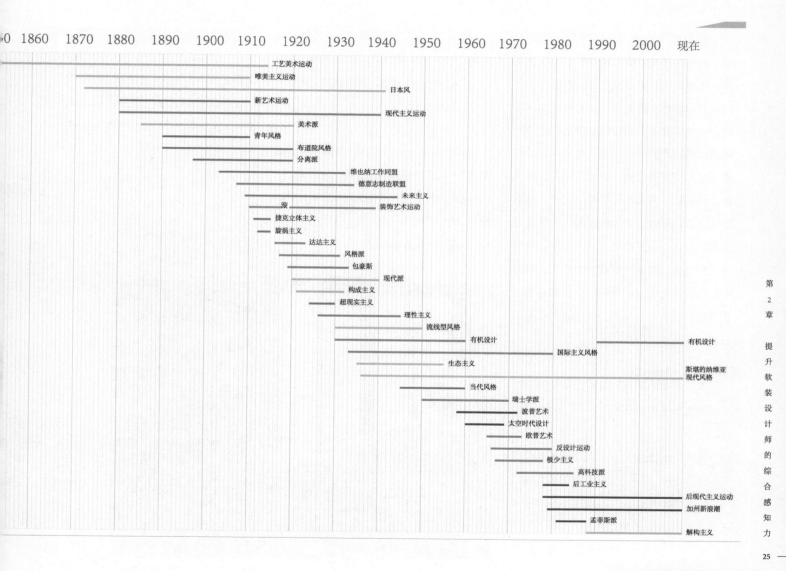

图 2-1　重要艺术流派及其兴起年代

2.1.1 室内设计风格简史

从古至今，人们总是不断地改善着自己的生存条件。随着科技进步、社会发展、休闲娱乐生活日益丰富，人们对居住空间的功能和美感提出了新的要求。科技进步也为提高人类居住环境质量创造了条件。回溯艺术史，一些建筑风格和家具样式已被人们视为经典，例如新艺术运动风格，但也有一些艺术风格稍纵即逝，例如达达主义。尽管历史上出现的艺术流派表现形式各异，但是相同点是明显的，就是都受到社会、经济发展的直接影响，同时受到当时文化背景的制约。它们都是随历史潮流而动的文化现象，都是人类社会发展到一定阶段的产物。

我们可从以下几个方面归纳室内设计风格流派形成的社会条件。

① 任何一种室内设计风格样式都受到当时社会经济发展水平的直接或间接影响。

② 每一种艺术风格作为人类社会文化的产物之一，是人类文化整体的一部分，与其他文化类型交融渗透，互为参照。任何时代出现的一种室内设计风格必然受到所处时代多元文化的影响。

③ 室内设计的风格样式和流派受到地域文化、风土民俗的直接影响。俗话说，一方水土养一方人，指的是受地域自然条件的影响，产生不同的风土文化，人们的审美标准和表现手段也大不相同。

一个熟悉艺术史和设计史的软装设计师，一眼就能分析出图2-2中的软装风格，其搭配灵感来自20世纪初的工艺美术运动。其设计原型来自英国工艺美术运动的领导者威廉·莫里斯设计的壁纸图案（图2-3）。

图 2-2 源自工艺美术运动的软装风格

接下来参考本书第28~31页，笔者将带大家了解室内设计风格简史，便于分辨各种软装风格的设计原型出现在什么年代，以及主要特点。相信经过一番系统梳理，大家就能更准确地定位某个项目的软装风格（图2-4）。

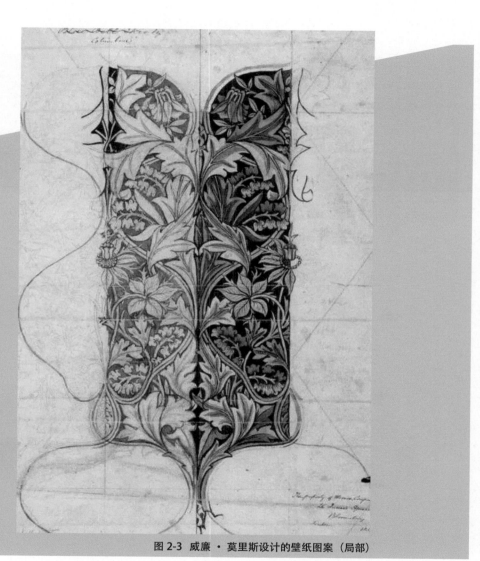

图 2-3　威廉·莫里斯设计的壁纸图案（局部）

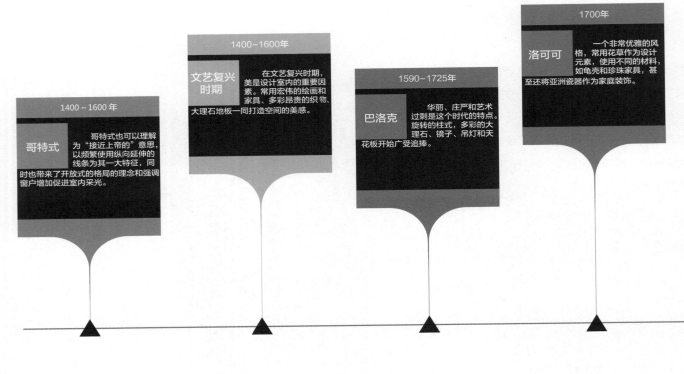

1400~1600年

哥特式

哥特式也可以理解为"接近上帝的"意思,以频繁使用纵向延伸的线条为其一大特征,同时也带来了开放式的格局的理念和强调窗户增加促进室内采光。

1400~1600年

文艺复兴时期

在文艺复兴时期,美是设计室内的重要因素。常用宏伟的绘画和家具、多彩昂贵的织物、大理石地板一同打造空间的美感。

1590~1725年

巴洛克

华丽、庄严和艺术过剩是这个时代的特点。旋转的柱式,多彩的大理石、镜子、吊灯和天花板开始广受追捧。

1700年

洛可可

一个非常优雅的风格,常用花草作为设计元素,使用不同的材料,如龟壳和珍珠家具,甚至还将亚洲瓷器作为家庭装饰。

图 2-4 各软装风格设计原型年代及主要特点

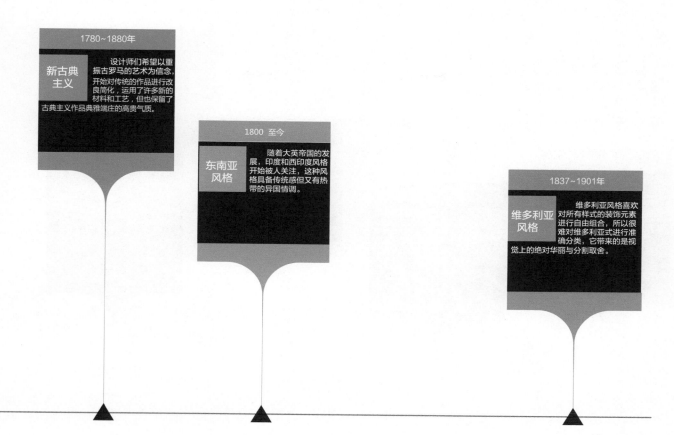

1780~1880年

新古典
主义

设计师们希望以重
振古罗马的艺术为信念，
开始对传统的作品进行改
良简化，运用了许多新的
材料和工艺，但也保留了
古典主义作品典雅端庄的高贵气质。

1800 至今

东南亚
风格

随着大英帝国的发
展，印度和西印度风格
开始被人关注，这种风
格具备传统感但又有热
带的异国情调。

1837~1901年

维多利亚
风格

维多利亚风格喜欢
对所有样式的装饰元素
进行自由组合，所以很
难对维多利亚式进行准
确分类，它带来的是视
觉上的绝对华丽与分割取舍。

维多利亚风格是19世纪英国维多利亚女王在位
期间（1837～1901）形成的艺术复辟的风格，它重
新诠释了古典的意义，扬弃机械理性的美学，开始
了人类生活中一种全新的对艺术价值的定义，这就
是"维多利亚风格"。

1840 至今

托斯卡纳

托斯卡纳风格是乡村的，但更是优雅的，甚至带一点奢华，它与大自然有机结合，通过天然材质表现出来的丰富材质肌理将这种风格发扬光大。

1860~1910年

工艺美术运动

这场运动是针对家具、室内产品、建筑等工业批量生产所导致的设计水准下降的局面的批判，重新转向传统工艺生产的家具和装饰物品。

1870 至今

乡村风格

手工制作的家具和大型开放式房间是这种风格的特征，木梁、木柱、讲究自然感和良好的通风性，在当今仍广受欢迎。

1890~1910年

新艺术运动

提倡自然风格，强调自然中不存在直线和平面，装饰上突出表现曲线和有机形态。

威廉·莫里斯是工艺美术运动的领导者，他对当时粗制滥造的工业化生产深恶痛绝，认为日常用品不仅要实用还应具有艺术性。他设计的植物图案被广泛运用在壁纸、植物、服饰等。

新艺术运动的装饰主题是模仿自然界生长繁盛的草木形状和曲线。由于铁便于制作各种曲线，因此室内装饰中大量应用铁构件。

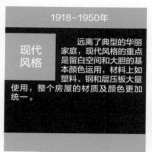

1918~1950年

现代风格

远离了典型的华丽家庭，现代风格的重点是留白空间和大胆的基本颜色运用，材料上如塑料、钢和层压板大量使用，整个房屋的材质及颜色更加统一。

1920~1970年

田园风格

灵感来自农舍，讲究实用并带些复古的陈设，风格提倡"回归自然"。

1920年至今

地中海风格

地中海风格是类海洋风格装修的典型代表。选用直逼自然的柔和色彩。在材质上，一般选用自然的原木、石材等。在家具选配上：通过擦漆做旧的处理方式搭配贝壳鹅卵石等。

1920年至今

北欧风格

北欧风格是指欧洲北部国家，如挪威、丹麦、瑞典、芬兰及冰岛等国的艺术设计风格。在室内方面，顶墙地三个面完全不用纹样和图案装饰，只用线条、色块来区分点缀。家具设计方面简洁、直接、功能化且贴近自然。

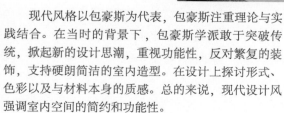

　　现代风格以包豪斯为代表，包豪斯注重理论与实践结合。在当时的背景下，包豪斯学派敢于突破传统，掀起新的设计思潮，重视功能性，反对繁复的装饰，支持硬朗简洁的室内造型。在设计上探讨形式、色彩以及与材料本身的质感。总的来说，现代设计风强调室内空间的简约和功能性。

2.1.2 新中式风格

自从轻装修、重陈设的家居设计潮流兴起，新中式风格的软装正成为当今人们追求轻奢生活方式的代名词。

（1）新中式风格特点之文化背景

所谓万变不离其宗，任何一种风格演绎都有其特定的文化背景作为支撑，以此来传递特定文化氛围中人们的生活追求。新中式便是以中国传统古典文化作为背景的，营造的是极富中国浪漫情调的生活空间，如红木、青花瓷、紫砂茶壶以及一些红木工艺品等都体现了浓郁的东方之美，这正是新中式风格与其他风格不同的地方。这种极简主义的风格渗透了东方华夏几千年的文明，它不仅永不过时，而且时间愈久愈散发出迷人的东方魅力。

（2）新中式风格特点之空间层次

新中式风格非常讲究空间的层次感与跳跃感。在需要隔绝视线的地方，使用中式的屏风、窗棂、中式木门、工艺隔断、简约化的中式博古架等。通过这种空间分隔方式，即便是在现代单元式住

图 2-5 新中式风格家居

宅中也能展现出中式家居设计风格的层次之美，再配以一些造型简约的家具与陈设，整体空间呈现出大而不空、厚而不重的新中式格调（图2-5）。

（3）新中式风格特点之整体线条

新中式设计讲究线条简单流畅，融合着精雕细琢的意识。其与传统中式家具最大的不同就是，虽有传统元素的神韵，却不是一味照搬。传统文化中的象征性元素，如中国结、山水字画、青花瓷、花卉、如意、瑞兽、"回"字纹、波浪形等，常常出现在新中式家具中，但是造型更为简洁流畅，雕刻图案将简洁与复杂巧妙地融合，既透露着浓厚的自然气息，

又体现出巧夺天工的精细。

（4）新中式风格特点之实用性

有人认为中式家具好看不好用，特别是在坐具方面，例如玫瑰椅的靠背线条过分横平竖直，与人体的腰背部曲线难以贴合；又如清式座椅的扶手雕刻过于繁复，触感不佳。但是新中式家具在这方面做出了重大的改革。沙发和椅子的扶手、靠背、座板等部位，应用现代人体工学设计提高其舒适度，譬如沙发坐垫部分的填充物偏软，靠背部的偏硬，按照人体背部曲线来设计腰枕形状。

能否很好地把握现代中式风格的设

几榻

古人制作的几榻，长短、宽窄不一，但求安放于居室，追求古雅美观。榻用来坐卧，几用来倚靠，在此或梳妆，或阅览古籍、书画、古玩，或摆设果蔬，或品茗对弈，或躺卧小憩均可。古画中亦常见，如《韩熙载夜宴图》中主人邀客人坐卧于榻上，靠几听琴。再看此幅《妆靓仕女图》中，仕女坐于矮榻上，正对镜梳妆。

梅

梅花是中国十大名花之首，与兰花、竹子、菊花一起列为四君子，与松、竹并称为"岁寒三友"。在中国传统文化中，梅以它的高洁、坚强、谦虚的品格，给人以励志奋发的激励。梅花是中式风格花卉装饰题材的典型要素之一。

兰

中国栽培兰花有两千多年的历史，自古人们就将兰花看作是高洁典雅的象征，"气如兰兮长不改，心若兰兮终不移""寻得幽兰报知己，一枝聊赠梦潇湘"。居室内案头上常常见到兰花，诗文、画作、扇面、木雕中亦能见到兰花，可见人们对兰花的喜爱非同一般。

计，与设计师的文化修养和设计技能是分不开的。设计师既需要对中国传统文化有充分理解，又要对当代社会的时尚元素敏感，使之相得益彰、水乳交融。

从中国绘画中吸取设计灵感，是最容易上手又不会出错的学习方法。下面以宋代画家苏汉臣创作的扇面画《妆靓仕女图》为例，介绍典型的中式元素。这幅画现藏于美国波士顿美术馆。画中主要人物是住在深宫中的仕女，她正在对着铜镜梳妆打扮，其面部形象通过镜面表现出来，神情娴静又略带忧伤。画面清丽，用色柔美，梅花粉，兰花白，几榻与托盘的朱砂尤为醒目（图2-6）。我们不仅能从这幅画中吸取配色灵感，还能看到体现雅趣的植物元素竹、梅和兰，及其营造出的清新自然的画面感。

朱砂色

朱砂色是中国的传统色彩名称，介乎于橙色和红色之间，由一种不透明的朱砂制成，从上古已使用，作搽粉的胭脂，也是中国红，寓意红红火火。在中国古代，朱砂是调制家具朱红色漆色的主要颜料。

图 2-6 宋代苏汉臣《妆靓仕女图》

图 2-7 新中式风格案例 1-1

图 2-8 新中式风格案

案例剖析 1

中式符号运用过多，每一件事物都要和中式风格扯上点关系，是软装设计师对中式风格设计常见的理解误区。有人认为只要每一件物品都选中式，这样就能搭配出高级中国风，但结果搭配出来的却是琐碎和小气的既视感。本案例以白墙为底色，充分展示木作构件的质感以及家具的线条和天然颜色，能彰显出中国风的雍容气场（图 2-7、图 2-8）。

案例剖析 2

　　本案例整体色调为中性暗色系，但是由于壁纸和床品搭配了轻松柔和的灰白浅色，使得整个氛围并不沉闷，尤其是枕套上的一抹金边，正好与床头软包的金属包边相呼应。床头柜上的花瓶属于点睛之笔，白色梅花和三色花瓶的形态配合得恰到好处（图 2-9）。

　　床头背景墙使用格子简洁的"柳条式长槅"。计成在《园冶》"装折图式"篇中谈到怎么划分槅榥板的比例："古之槅榥板，分位定于四、六者，观之不亮。依时制，或榥之七、八，板之二、三之间。"

图 2-9　新中式风格案例 2

案例剖析 3

图 2-10 所示的这个案例给人以浓浓的中式文化气息，但又不失现代和贵气。仔细分析一下，主导房间氛围的色调并不是朱红色，而是面积最大的黑色和白色。以黑白作为底色，就像图 2-11 这幅两千年前的彩色帛画，以深褐色作底来衬托朱红色，道理如出一辙。由此，我们在这个新中式风格的空间中，感受到大气不失贵气的感受。要想做出体现中国文化和艺术的软装，需好好研读中国艺术史，多逛逛收藏古代艺术品的博物馆，直接从古代艺术品中汲取设计灵感，这样做出来的设计一定会很出色。

马王堆一号汉墓形帛画，现藏于湖南省博物馆。这幅帛画所表达的主题思想是"引魂升天"，具有浓厚的迷信色彩，突出地反映了封建统治阶级对未来生活虚幻的妄想。此帛画是研究战国时期古人的色彩搭配的绝佳文物，以大面积褐红色为底衬托朱红色人物和动物的醒目形态，搭配白色、青色和黑色。此彩绘帛画保存完整，色彩鲜艳，内容丰富，形象生动，技法精妙，是不可多得的艺术珍品。

图 2-10　新中式风格案例 3

图 2-11　马王堆一号汉墓 T 形帛画

2.1.3 欧式风格

当今我们所谈论的欧式风格软装概念，实际上是对欧洲文艺复兴时期、巴洛克时期和洛可可风格三大古典艺术风格进行糅杂而得。而简欧风格则是将新古典主义和美式风格嫁接，整体上沿袭了欧洲艺术时期的豪华、动感、多变的视觉效果，同时又摒弃了古典风格中的繁复装饰。

意大利文艺复兴建筑的影响深远，自16世纪兴起，随后两百年影响了欧洲各国的建筑、室内、家具、器物的设计风格，表现为完美的黄金分割比、对称布局、配色端庄、典雅华丽、雕饰复杂且写实。佛罗伦萨百花大教堂为文艺复兴经典之作，建筑以绿、红、白三色大理石为主材，令人感受到圣洁与母性的温暖。

起源意大利的巴洛克风格繁荣于17世纪和18世纪上半叶的欧洲。它起源于意大利，其影响力迅速蔓延到整个欧洲，并成为第一个具有多国影响的艺术风格。

巴洛克风格的一个决定性特征是把绘画、雕塑和建筑的视觉艺术结合在一起，形成一个完整的整体，以传达一个单一的信息或意义。巴洛克艺术和设计直接触及观众的感官，吸引情感和智力。

洛可可风是指1740~1760年间从法国兴起的一种装饰性风格。有别于巴洛克的动态感和立体感装饰，洛可可风的主要设计元素是"C"和"S"形的不规则的卷草纹，以浅浮雕的形式装饰于室内护墙板、吊顶、窗沿、柱子或家具上。由于洛可可风过于华丽，与古典风格的秩序、精致和庄重相比较，洛可可风被当世者认为是肤浅的、矫饰的和不合逻辑的装饰。

图2-12为法国的枫丹白露宫内景。其设计一直以来被后世喜爱欧洲皇室风格的朋友们学习和模仿，软装设计师当然要对这些古典欧风的构成元素有所了解，才能在创新欧式风格的过程中得心应手。枫丹

白露宫从12世纪起用作法国国王狩猎的行宫。"枫丹白露"（fontainebleau）由"fontaine belle eau"演变而来，"fontaine belle eau"的法文原义为"美丽的泉水"。从建筑艺术角度来看，枫丹白露宫是法国一座富丽堂皇的宫殿，修建于1137年，因此文艺复兴开始之前各个时期的建筑室内设计风格都在这里留下了痕迹。

上一小节我们梳理过一遍室内设计风格简史，在文艺复兴之前，欧洲社会及生活各个层面的艺术创作都与宗教生活息息相关。法国一直以来是欧洲哲学、文化、艺术和创新的胜地。自12世纪开始，法式软装风格就已呈现当今我们所看到的面貌：偏爱使用卷草花叶图案、四壁使用动感十足的装饰线脚、家具的装饰线脚异常繁复，但是整体比例纤细，给人以女性的柔美感，整体营造出一种华丽、高贵、温馨的感觉。在色彩上，常常以米白色或金色系为基础，配上靛蓝色、红棕色、墨绿

图 2-12　法国枫丹白露宫内景

色等，表现出古典欧式风格的华丽气质。在材质的选用上也很考究，会运用高档实木、丝绒面料、琉璃、水晶、铜等表现出高贵典雅的贵族气质。配饰的选择多为具有古典美感的花艺、风景和人物油画。古典欧洲建筑以石材为主，室内空间高大，如果不注重室内软装设计，常常给人以冷冰冰的感受。不论是皇宫的宴会厅还是卧室都会出现壁炉，如此布局，除了满足取暖的实用功能，也逐渐成为欧式风格的典型设计元素，在室内营造出视觉上的中心。当然，简欧风格也保留了壁炉这一元素。

多头水晶吊灯

顶部鎏金浮雕装饰

满铺古典风格油画或壁毯

壁炉

以蓝、红、金为主色调的地毯

立体感十足的金色木线脚

图 2-13　枫丹白露宫王后寝宫 1

图 2-14　枫丹白露宫王后寝宫 2

我们可以从枫丹白露宫王后寝宫中分析出纯正的皇室软装要素，但在应用时要注意简化，千万不能处处模仿，否则容易造成产窒息感，如图 2-13、图 2-14 所示。建议大家可以挑选这些画面中的 1～2 个古典装饰元素进行模仿，剩下的部分尽可能简化处理，这样搭配出来的风格就是简欧风格。如图 2-15，顶部和墙面采用了古典风格，沙发采用的古典形态但省去了装饰线脚，茶几采用几何形态，材质为石材和不锈钢，艺术灯具或小摆设仍旧选择了古典样式，与顶面、墙面和地毯的古典气息相呼应。这样的软装搭配，既凸显了古典欧式风格的文化和历史厚重感，又没有造成窒息感。欧洲人已经将建筑、雕塑、图案的开发推入到极致，以至于欧洲后来的建筑师、艺术家和设计师必须另谋出路。中国有句古话：物极必反。文艺复兴、新古典主义、装饰主义和新艺术运动等各流派悉数登场都没能成功改变古典风格的发展之路，直到以包豪斯为代表的现代主义运动登场，欧洲艺术才找到新发展方向。

图 2-15 欧式风格案例

2.1.4 现代简约风格

说到现代主义，我们不得不回顾一些枯燥却极其重要的历史人物和事件，否则也无法理解周遭这些方盒子玻璃钢结构建筑，以及这些钢板玻璃和几何形态构成的家具从何而来。造型几何抽象画派先驱蒙德里安开创了纯粹抽象主义画风。他认为艺术应根本脱离自然的外在形式，以表现抽象精神为目的，追求人与神统一的绝对境界，并于1917年与奥特·凡·杜斯堡（1883—1931）、巴特·凡·德·莱克（1876—1958）共同建立了名为"风格派"（De Stijl）的社团。蒙德里安及荷兰"风格派"，作为一种艺术运动，并不局限于绘画。它对当时的建筑、家具、装饰艺术以及印刷业都有一定的影响。与此同时，1907年贝伦斯等人成立德意志制造联盟，其成员之一瓦尔特·格罗皮乌斯（Walter Gropius）就是后来的包豪斯设计学院创始人。1919年，包豪斯设计学院成立，格罗皮乌斯任校长，建筑师密斯·凡德罗（图2-16、图2-17）、勒·柯布西耶、瓦西尼·康定斯基等人为教员。包豪斯的教学谋求所有造型艺术间的交流，把建筑、设计、手工艺、绘画、雕刻等一切都纳入了包豪斯

图 2-16 建筑师密斯·凡德罗

图 2-17　建筑师密斯·凡德罗设计的萨伏伊别墅

的教育之中。包豪斯是一所综合性的设计学院，其设计课程包括新产品设计、平面设计、展览设计、舞台设计、家具设计、室内设计和建筑设计等，甚至连话剧、音乐等专业都在包豪斯设计学院中有所设置。

　　下面看一下密斯和柯布西耶的建筑和家具作品，记住它们，你就能理解现代简约风格的基本构成要素：几何形态，红、黄、蓝、黑、白，钢与玻璃（图 2-18、图 2-19）。

图 2-18　黑色皮面的巴塞罗那椅，现代家具经典之作，密斯·凡德罗设计

图 2-20 勒·柯布西耶

图2-19是勒·柯布西耶（Le Corbusier，图 2-20）1931 年设计的巴黎 Nungesser-et-Coli 的公寓内景。如果用一句话来形容勒·柯布西耶在城规、建筑、室内或家具各个领域中的创作理想，那就是：理性至上（图 2-21）。

图 2-21 《红、蓝、黄、黑构图三号》，蒙德里安，1929 年，冷抽象、纯粹抽象。

图 2-19 巴黎 Nungesser-et-Coli 公寓内景

图 2-22 丹麦椅子设计大师汉斯·瓦格纳（Hans Wegner）

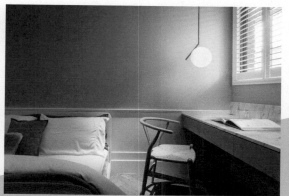

图 2-23 "Y"椅，汉斯·瓦格纳设计

推荐大家有机会去参观丹麦设计博物馆。这座博物馆主要展示从中世纪晚期至今来自欧洲和亚洲的装饰艺术、工艺品及工业设计经典。这里珍藏了丹麦椅子设计大师汉斯·瓦格纳（Hans Wegner, 图 2-22)的全部作品。如图 2-23 和图 2-24 是他设计的"Y"椅和 The Chair 椅。他从中国古典家具中吸取设计灵感，在向古典学习的同时勇于突破和创新。另一位北欧现代主义设计之父雅各布森也是丹麦人。1958 年他设计出"天鹅椅"，因其外观宛如一个静态的天鹅而得名，线条流畅而优美，具有雕塑般的美感。

经典作品哪怕只露出一个角我们也要立刻辨认出来。真的是从一把椅子就可以看出一名软装师的品位高低。

图 2-24 The Chair 椅，汉斯·瓦格纳设计

图 2-25 在西式壁纸和弧形窗棂的背景中，两把明式靠背椅成功营造出具有高级感的混搭风

2.1.5 混搭风格

前面探讨了历史上出现过的各风格流派及其存在的价值，每个艺术流派都特色鲜明。20世纪中期，大众艺术和消费主义之风盛行，当艺术品逐渐成为普通人的日用消费品，设计师们则尽力在全球化和民族化之间寻找平衡点，其目的是为了探索更受大众喜爱和用户认可的作品，如此一来，软装设计领域也如沐春风，兴起混搭潮流。

顾名思义，"混搭风格"就是将前面所讲各种风格的美物聚集在一起，不论是将新古典风格的烛台和包豪斯风格的餐桌放在一起，还是尝试将装饰主义风格的壁纸和现代主义的沙发搭配，或者让中国屏风与新艺术风格的壁画混搭（图2-25～图2-27）。

图 2-26 中西合璧混搭风打造出优雅生活空间

图 2-27　几何形态的家具可混搭出简约又有格调的软装风格

细想当下盛行的混搭风，恰好印证了艺术来源于生活这一古老的观点。生活在纷繁复杂的物质世界，被贴上艺术家标签的人群毕竟只占少数，但"爱美之心人皆有之"，当大众分辨不出古典主义艺术品和新古典主义艺术品的异同时，自然而然地只能依靠自身的审美标准来判断眼前的物品是否顺眼。艺术家、设计师当然不能阻碍个体的审美自由和消费自由，换句话说是"选择自由"。由此，人们将多个瞬间的审美选择组合在一起形成一种独特的混搭风格，这显然是一个自然而然的结果。然而，因为其无法被归类，自带说不清、道不明的特色，于是被设计师称为"混搭风"。

"混搭风"软装的进入门槛低，新入行的设计师本想大显身手，没想到刚刚脱离某种风格的桎梏，却又陷入"选择困难症"式的焦虑。所以，笔者建议设计新手可以采取一种短周期、速成效果的试验方式来积累"混搭"经验值：第一步使用软装 App 设计混搭方案；第二步，带着手机去家装市场，找材料样板；第三步，打印和拼贴家具图片，也可以剪出小块材料贴在模型上，或涂上丙烯颜料调色。注意，要不断尝试，直到接近自己设计方案的想法。制作微缩模型很重要，往往会有很多的配色灵感和经验从中产生。

图 2-28　画面中流线型的贝壳椅、古朴的中式平头案、几何形的白色花瓶以及简约的欧式墙板，完全来自不同的文化背景的设计要素，却被设计师赵雯恰到好处地诠释"如何打造高级混搭风"。图片来源：赵雯提供

图 2-29　贝壳椅（Shell Chair）设计师为美国家具设计大师汉斯·瓦格纳，于 1963 年设计

新生代的设计师们热衷于复古和混搭，实际上就是在玩排列组合的设计游戏，即对历史上出现过的艺术流派、艺术家和作品重新进行排列组合。与此同时，他们依赖直觉和灵光乍现，故意增加设计作品的随意效果和随机性特征，不断打破规律或现有原则，尝试各种各样的可能性去创新（图 2-28~ 图 2-30）。

时尚和复古本就是一对"孪生姐妹"，设计师的工作就是在不断解构和重构过程中获得新生。

《文化特性与建筑设计》一书中将"一种场景的构成"归为四种最佳概念化环境的最佳方式之一。意思是生活环境可以理解为一种场景构成，设计的目的是创造合适使用者需求的环境，即可以将设计理解为有意识的"布置"或策划出特定的"场景"。

事实上，人类所有的活动都是在特定场景中展开的，离开符号、色彩、建筑、空间和家具等构成场景的要素，人们将失去在此场景中生活的意义。软装设计师应致力于将生活场景与文脉结合，赋予生活以仪式感。由此，软装师切勿只关注家具的功能性而无视其文化内涵。家具是设计师构建客户生活场景的重要"道具"之一。

图 2-30　设计师可以从生活场景中获取配色灵感并制作成色卡

图2-31 为家居廊家具软装展厅之一，位于上海兴业太古汇富公馆，设计方为所以设计工作室，设计师所采用的软装手法有以下4种：① 空间套叠空间的超现实主义装饰画；② 不同材质家具混搭；③ 经典比例和极简主义外形；④ 色彩体现风格的主要手段。

整体来看，设计师从欧洲文化与艺术元素中吸取设计灵感，通过简化、抽象和归纳，创造出既有生活气息又有欧式艺术氛围的场景。

图 2-31　家居廊家具软装展厅之一，所以设计工作室设计并提供图片

2.1.6 关于风格创新

每一种风格都代表着时代的缩影，每一次风格的变化都是创新形成的。对于室内设计来说，创意是设计的灵魂，没有创新就等同于守旧，作品会被时代的潮流淘汰。那么到底什么样的室内设计才是当下人们该有的审美取向？21世纪是科技发展迅速的时代，人们对物质、精神的追求越来越高，品质越来越精致。新的政治、文化、全球化的发展势必影响着设计风格。

（1）强化从空间到陈设所表现的品牌故事性

在同样的一个空间中，不同的室内设计可以创造出不同的空间感觉。随着信息时代的飞速发展，现代室内设计风格必将打破统一、单调的装饰局面。为了适应社会发展，室内设计将更加智能、更方便、更个性化。空间的组成、组织和划分将更加实用，更加清晰。人们通过各种家居饰品、色彩、灯光的设计来改善生活、精神需求和文化内涵，在室内设计过程中也将更加注重增加环境的文化内涵，以及现代文明的多样性，提高空间的利用率，创造更加具有故事性的空间氛围。

我们来看一个快闪店的案例，设计者是所以设计工作室。设计团队设计的这个快闪店是为了配合HIPANDA品牌在2019年春夏期间推出的一个反战系列的服装合集（图2-32～图2-34）。客户给的项目周期非常短，设计师提出了"第11小时"作为这期快闪店的概念。这个概念来自犹太教文化，第11小时意味着在截止时间前的最后1小时。由此，设计师将反战和最后1小时两个概念进行联想，空间表达出战前最后1小时在博物馆里的状态。他们将这个快闪店内的所有物品都用杜邦纸包裹起来。这一点也符合此场地的限制性因素：所有硬装都不能改动。没想到这一限制因素却激发设计师做成意想不到的装饰效果。

大面积使用杜邦纸也是一种创新大胆的想法。杜邦纸本身是一种环保无纺布，具有单向透气的性能，又称为呼吸纸。杜邦纸产品结合了纸、薄膜和纤维的优点于一身，坚韧而耐用，具有很强的抗撕裂特性。它的特点是无毒、无刺激、无腐蚀性，用完后易于处理，完全燃烧的产物是二氧化碳和水，所以材料的选择也遵循绿色、环保、可持续的发展原则。

这个项目关于室内的创新点在于，在遵循室内设计的原则下，把艺术人文构思传统思想理念融入材料的创新性运用中，从艺术性角度整合空间、家具、灯光等设计要素，通过其构造和施工工艺来传递美感与文化的价值。

（2）艺术！艺术！艺术！

这个时代的大众比以往任何一个时代都更向往艺术化的生活。人们熟练地操作互联网，可以随时欣赏全球各种展览实况，可以购买艺术家的限量版艺术品、可

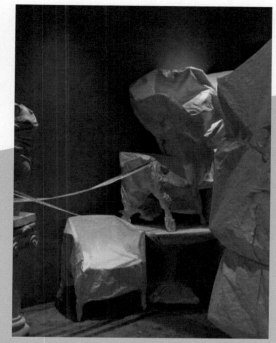

以随时找到可靠的平台完成艺术品买卖。难怪世界顶级奢侈品牌都将艺术基因渗透至每一件商品中，间接地反映出大众对艺术的关注和渴求。

所以现代室内设计的创新趋势应当是将艺术与现代科学技术相结合，而又不失人文气息，既做到历史文化的传递又能体现当下社会的文化特点。设计师只有不断地探索和创新，才能够满足大众对室内设计多元化的需求。

那么作为一名设计师，怎么有理由不去思考"创新"，不去关注艺术圈的新闻，不去看艺术家的展览呢？关注艺术，不断创新，不仅是每个设计作品的灵魂，也是设计师成长的动力。

图 2-32～图 2-34　上海新天地 HIPANDA POP-UP 店，设计概念为第 11 小时，所以设计工作室出品

2.2 空间

自古以来，东西方民族的时空观不同，对"空间"的理解角度也不尽相同。西方建筑史无疑是利用石头书写的，更多的艺术成就源自对实体的探索，例如雕塑。而东方建筑自古就是采用木头搭建而成，即便是进入全球化的时代，采用钢铁、玻璃等新型材料所铸就的城市，仍未改变东方人的空间观念。如《道德经》所述："凿户牖以为室,当其无,有室之用。"这是中国人对空间概念的辩证思考，告诉我们"实"的存在以使用"空"为目的，为了使用好"空"，我们必须经营好"实"的位置。明代书画家、园林设计家、吴门四家文徵明的孙子文震亨在《长物志》"位置篇"中指出："位置之法，繁简不同，寒暑各异，高堂广榭，曲房奥室，各有所宜。鼎彝之属，亦须安设得所，方如图画。"布局室内物品的方法，我们处理繁复和简约的方式是不同的，冬天和夏天的布局也是不同的，在高大的空间和密闭的空间布局当然也不同，图书、金石、花卉等陈设物品的安置必须合宜，才能营造出像图画一样高雅脱俗的景致。

2.2.1 空间的感知方法

西方学者关于建筑与空间的诸多形而上思想在此不赘述，我更倾向于使用"位置"一词来探讨设计师必须重视的一个专题："空间"和"布局"。

当软装设计师们开始着手设计时，脑海中就会冒出一个基本的问题：空间中出现的每一个影响我们五感的物品放在哪合适呢？正是因为那些设计大师们曾经认真思考过这些问题，我们才能从他们的作品中获得启迪。这里给那些有兴趣全面了解中国古代绘画、园林、生活、陈设的设计师推荐两本实用指南：《长物志》和《闲情偶寄》。这两本经典著作中有无数的案例来验证一个目的：实用与美观可以兼顾。因此，我也将之视为中国智慧，期望大家在实践过程中，以此作为目标，为客户解难，为自己的设计方案找到立足点，作为检验自己设计的唯一标准。

市场上有关室内空间及布局案例解说的书籍特别多，笔者所著的另一本书《居室设计创意指导手册》中"解剖住宅的功能与布局"小节，对玄关、起居室、饭厅、厨房、卧室、卫生间、书房、阳台、庭院这九大常见空间的布局模式进行了详细论述，有兴趣可以找来参考，故在此不赘述。本书不是以案例罗列和分析为主要写作目的，而是希望帮助大家训练眼力、思维方式和表达手段。下面介绍一些训练方法，将自己作为测量工具来感知空间的特征，以便尽快获得空间感知的经验。

初学室内设计的学生常常会带着一个卷尺或者一个激光测绘仪到工地就开始精准测绘。结束前，笔者会在一旁提问：你们在现场注意到这个会议室的窗户足够大吗？天花板离我们的头顶大概多远？有的学生很懊恼地回答：不知道够不够大，不知道多远。有的学生回应：我已经测量了所有窗户的长宽尺寸，还有房间的净高，老师稍等，我要计算一下，就会知道您要的这些尺寸了。

笔者这样提问的目的并不是要获得一个精准的绘图数据，而是在考验他们的眼力和空间感知力。的确，精准测绘是很重要的设计环节，但是在设计初期，每个设计师都要让自己成为测量器，打开五感通道，进入空间，搜集"信号"。这些"信号"在你的脑中不断冒出来，它们会混乱地碰撞，但是慢慢地会被"美观且实用"的终极目标所指引，从而萌生出一套设计方案。但是这个过程很容易就被初学室内设计的学生忽略了。尤其在获取调研资料之后，即将进入设计方案的创意阶段，我观察到有些学生因为提出的解决方案缺乏设计依据和创意，既不能说服自己，当然也无法说服别人，失去了继续前进的信心。

如何利用自己熟知的身体尺寸来估算一个空间的尺度呢？当人们进入一个空间，从行为状态可分为静态和动态，从姿态的角度可划分为站姿、坐姿、卧姿和走姿。设计师首先要根据图2-35标注的位置，来测量自己的身体尺寸，并牢记这些尺寸。接下来，设计师就能随时随地利用已知身体尺寸来估测一个空间的尺度，不断地积累自己对空间尺度的认识经验。譬如：去餐厅吃饭，从大门进入餐厅，可以举手招呼朋友，基本上就能确定餐厅空间的净高；走到接待台，向服务员取号，你只要身体稍微靠向桌子，就能知道台面的高度是否合适；当你跟随领位服务员走过两排四人位餐桌椅时，根据走的步数就能计算出走道的长度，根据两人是否能并肩通过就能大致知道走道的宽度。这确实要

费点心思，但是只要你这么练习10次对空间的尺度认知，你对空间的观察方式就和普通人完全不一样了，如果你的估计很准，误差很小，那么说明你的尺度基本功已经打好一半了。

另一项基本功就是表达。你可以随手拿起纸笔，在用餐前画出餐厅的平面草图，尽可能在平面图上标出你看到的所有物体的位置和间隔尺寸，例如餐桌、椅子、花盆、落地灯、屏风、柜子、台面等。如果还有时间，你可以换一支另外颜色的笔，在这张图上标出指北针、窗户的位置和数量以及天花板上灯具的数量和位置，最好张开双臂，测量一下灯具之间的距离。起初，学生们都觉得上述任务太复杂了，不可能准确。但因为这是课程作业，所以他们必须努力去完成。最后，他们没想到经历了这个过程，真切地感觉自己快速地成为一名专业人士了，因为可以不借助其他测量工具，就能八九不离十地画出平面图。

最后一个训练空间感知能力的建议是：向旁边的人描述你刚才待过的空间。"语言是表达思维的媒介"，所以你在描

述的时候，是有要求的，必须在一句话里出现展示这个空间的尺寸、形态、距离、光线、功能、色彩等含义的数据、词组或短语。可以使用第三人称陈述句，例如：这个餐厅的光线太暗了。也可以是疑问句加回答，例如：为什么这个餐厅里餐桌上的光线不好呢？因为吊灯离桌面太远了。请看图2-36，设计师在酝酿一个创意的最初阶段，脑海中就像这张图一样，各种可能性都有，当然也是比较混乱的状态，但是不必担心，这些专业概念和术语从你的陈述中出现的频率越高，你就会运用得越自如。到那时，你就会一边说方案一边批判性地思考设计思路和方案了。

1—站立举手，测量脚尖至地面的距离；
2—测量身高；
3—肚脐至地面的距离；
4—指尖至腋下距离；
5—眼睛至地面的距离；
6—膝盖至地面的距离；
7—上身的厚度

图 2-35　需测量的身体尺寸

2.2.2 空间对家具布局的影响

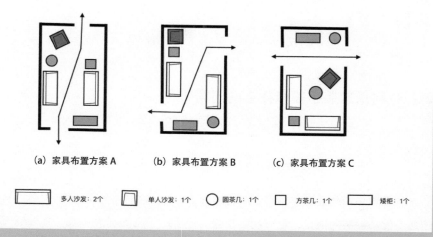

(a) 家具布置方案 A　　(b) 家具布置方案 B　　(c) 家具布置方案 C

▭ 多人沙发：2个	⬠ 单人沙发：1个	○ 圆茶几：1个	□ 方茶几：1个	▭ 矮柜：1个

图 2-37　不同的家具布局对空间的影响

对空间中的每个面进行设计并不难，但是空间是一个三维的概念，不仅是简单地将六个面拼凑出一个空间。因此，资深设计师总是从三个角度评估一个居室空间的优劣：功能是否合理，行动是否自如，感觉是否舒适。

请比较图2-37中的三张设计草图，看看设计师对同一房间提出的三个空间设计方案。同样数量和类型的家具，因为布局和流线的不同，导致人们对该空间的功能、行动和视线方面的评价产生很大差距。

图2-37(a) 中，两扇门的位置决定了人的走动方向，从房间的中间穿堂而过，两组沙发只好面对面地放置。如果两边沙发的人要交流，却因为两扇门所暗示出的交通动线，而产生隔阂和不稳定。显然，这样的空间不利于人们之间的交流。

图2-37(b) 中，沙发的布局比前一个方案要好一些，中间有一个相对完整的空间，但是两扇门的位置仍然给使用者一个暗示，人的移动轨迹仍旧是穿堂而过，坐在两边沙发上时，还是缺乏稳定感，使用者对空间舒适度的评价自然不高。

图2-37（c）中的布局显然最符合空间特点，并且功能满足和稳定感最强。下面三分之二的空间布局为休息区，上面两扇门的位置作为交通路径，对下面稳定的休息区无干扰，最上面还留出一定空间布局柜子，还有多余的空间增加一个茶几。

由此看出，布局得当的空间不仅能提高空间的利用率，满足人们的功能需求，而且让人感觉到舒适与便捷。

"人们在消极空间中穿行，而在积极空间中驻留"，这是美国著名建筑设计师马修·弗雷德里克（Matthew Frederick）的观点，具有现实指导意义。设计师要在居室中尽可能创造更多的积极空间，而不是更多的消极空间。

2.2.3 利用软装手段修补空间问题

初入职场的软装设计师可能不喜欢遭遇不能动硬装的项目，也可能不喜欢那些形态怪异的空间，因为这样的空间存在很多"毛病"。这里给大家提几点建议，掌握之后遇到有问题的空间也能淡定自如。

首先，你要学会分析现有空间和家具布局的硬伤。就像前面讲的这三个空间，不论遇到哪种情况，你都可以利用家具布局尽可能减少通道空间，增加有利于人停留的空间。

再者，如果一个空间的尺度不合宜，或过大或过小或过高或过矮，而硬装已经完成，不能修改，你还可以利用不同尺度的灯具、装饰画、植物调整不尽如人意的空间尺度。

最后，你要学会利用装饰品形成视觉焦点，从而达到在空间中组织人们的视

觉逻辑的目的。当你运用软装手段改变了空间中的视觉焦点，其实就弱化了那些因空间问题带来的负面影响。

下面我们来分析两个案例，学习如何利用软装手段修补空间。图2-38所示的案例利用窗帘遮挡了杂乱无序的书架，为其他装饰物营造

图 2-38　利用窗帘遮挡杂乱无序的书架

图 2-39　利用灯具和台面装饰物转移视觉焦点

了一个干净的背景，将人的视线转移在精美的烛台上，实现了"佳则收之，俗则屏之"。如果没有这个窗帘的遮挡，坐在沙发上面对这块空间，看起来既杂乱又拥挤。

图2-39所示的案例中，设计师利用灯具和台面上的装饰物转移了视觉焦点。我们可以对比一下这两张图，如果没有装饰灯具，半高台面的后面是深色的高大壁橱，这个空间就会变成一个沉闷灰暗的角落，这个区域也会缺少视觉焦点。

2.3　色调

　　软装设计师必须对环境的色调非常敏感，能够分辨普通人难以分辨的极为接近的中性色调或冷暖色调，同时能够记住5～8种不同色相搭配出来的调性，是属于高调、中调，还是暗调。"调性"（Tonality）这个词汇来自音乐学，是调的主音和调式类别的总称，简单来说有24个大小调，不同调性给人的感受截然不同。室内设计的初学者看到几百种颜色时常常会发愁，不知道选择哪些颜色搭配起来才好看，也不知道哪些颜色搭配在一起才符合客户的想象。因此，我们需要通过一些训练方法来培养初学者对色调的感知力。请大家先看看图2-40，每张图片下都有一组色块，反映了这个图片主要的色调。当然，真实环境的色调更为丰富，但是主色调的冷暖和调性需要一开始就明确下来。

暖高调   冷中调

暖中调   冷高调   暖低调

图 2-40 不同的色调

第 2 章 提升软装设计师的综合感知力

2.3.1 色彩认知和创造

众所周知，色彩有三大基本属性：色相、饱和度和明度。色相是指色彩的样貌以及称呼，例如红、黄、蓝三原色。饱和度是指色彩的鲜艳程度，原色是纯度最高的色彩，不同颜色混合的次数越多，纯度越低，反之，纯度越高。明度是指色彩的亮度，颜色有深浅和明暗的变化。白色是色彩中最亮的，黑色是最暗的。在任何色彩中添加白色，其明度都会变高；添加黑色，其明度就会降低。本书不再赘述色彩理论知识了，直接从创造色彩开始。对于学过绘画的学生而言，认识色彩的最好路径是学习调色。练习方式也很简单实用，在调色板上备好5种颜色：红、黄、蓝、白、黑。红、黄、蓝三原色可以调出橙、绿、紫三间色，调色的目的就是通过不同颜色的叠加，创造出新的颜色。所以我们才说三原色可以创造所有的色相（白色和黑色除外）。学习任何技能的初期看起来都

很简单，但是我们一定要认识到这个最简单的道理却是建立一个复杂系统的本质。

我们在学习色彩搭配的过程中，不能过度依赖从市场上买回来的各种现成的颜料。一是因为每个人对色彩的敏感度存在差异，这是视觉科学研究的结论。人眼看到同一色彩的感受是不同的，势必造成每个人创造出的色彩体系也是独一无二的，因此鼓励初学者只买5色，自己调色画出24色环，从调色的过程中来感知色彩的魅力。二是因为市场上买的不同品牌的颜料本身是有差异的，如果我们直接用现成的颜料创作，配色效果肯定有局限性，或千篇一律，这是最可怕的后果。

自制色环的调色的具体步骤见图2-41。

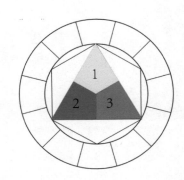

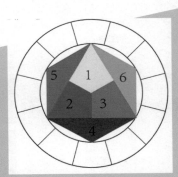

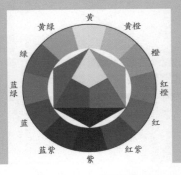

图2-41 自制色环的调色步骤

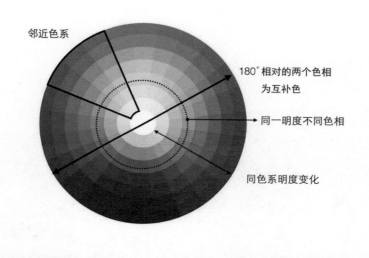

邻近色系

180°相对的两个色相
为互补色

同一明度不同色相

同色系明度变化

图 2-42　色相圈色彩关系分析图

第一步，在空白的水粉纸上画一个大等边三角形，并将其均分为三个四边形，如图 2-41 所示划分 1、2、3 区域，接着划分 4、5、6 三角形区域，最后以大三角形中心为原点，绘制色环的外围，依次等分 12 格或 24 格，图 2-41 中色环外围均分出 12 格。

第二步，如图 2-41 所示，先给中间的三个三角形区域填入红、黄、蓝三原色，生成第一层间色。

第三步，红、黄、蓝两两叠加，调制出橙、绿、紫，填入 4、5、6 区域（图 2-41 中）。

第四步，绿色与黄色叠加，也就是三原色的一种与相邻的三间色叠加，调制出邻近色（图 2-41 下）。调色的过程中，不能着急，用一两支笔，一点点加入和融合，这是提高自己对邻近色色相辨别能力的好机会。

当我们学会创造颜色，就能绘制出自己的色环，如图 2-42 所示。认知和创造色彩是同步完成的过程。从这个色环上我们可以解读几个重要信息，有助于我们分析一个软装案例的配色想法。

邻近色：如果给这三个颜色各添加黑色或白色，就能构成一个邻近色系（如图 2-42 中左上角扇形区域）。

互补色：任何一种原色，与之相对 180°的那种原色，它们两个之间形成互补关系。

统一明度不同色相圈：虚线表示的是每个原色都加入了相当分量的白色或黑色后，形成的色相圈。

同色系明度变化：任何一种原色，可以加入不同分量的白色或黑色，形成同色系明度变化。

下面分析图 2-43 这个软装设计案例。设计师运用了撞色搭配，每一件家具的颜色都不同。红色和绿色沙发运用的是互补色搭配；红色沙发与橘红色地毯运用了邻近色搭配；蓝色三人沙发与橘色地毯运用了互补色搭配；金色吊灯与木隔断则是邻近色，和谐统一。这个软装案例从整体上运用撞色思路营造出一个亮丽活泼的氛围，从局部来看又遵循了色彩规律，值得大家借鉴。

图 2-43 运用撞色搭配的软装设计案例

我们在初学色彩时常常会遇到一种情况，就是调色的时间越长，调色盘上看起来脏脏的颜色越多，用专业术语描述就是调色盘上的"三次以上的间色"越来越多，这也是艺术家和设计师最喜欢的高级灰。这时，如果多加一些白色提高这些脏脏色的明度，就会看到漂亮的"中性色系"。图 2-44 中的案例是运用高级色的典范，采用了低饱和度、高明度的土红色，以及相近色系的大理石、家具、装饰物件等。

图 2-44 运用高级色设计的范例

图 2-45 采用奶油色系，运用邻近色搭配的茶室

图2-45 中的案例采用奶油色系，运用了邻近色搭配技巧，设计师 Jessica Wu（中文名：吴轶凡）说："这间 ATRE 茶室空间给人的第一感觉是干净、温暖和高级。家具、窗帘、植物、灯具等设计元素的颜色差别不大，属于柔和的奶油色系。我们甚至在选择光源色温都要考量这一点，2700K 的琥珀色暖光，让人更容易有亲近感。我们希望人们喝茶的空间是朴素但高级的，所以采用了具有高级感的奶油色系。"

2.3.2 配色技巧

* 配色技巧 1：根据大自然的色彩
确定房间的主色调

苍山洱海边的风景，客厅中的所有颜色搭配都从左边的色卡中选择，或者找出相邻的颜色。

掌握一些配色技巧，如根据大自然的色彩，确定房间的主色调（图 2-46、图 2-47）；根据房间朝向，确定房间主色调；根据房间的使用时间段，确定房间主色调。作为设计师要善于发现美，平时多拍摄令人愉快的自然风景、美丽的植物和秀色可餐水果，然后利用电脑软件如 Photoshop 提取照片中的颜色，制作出色卡。积累的照片和色卡多了，你就能建成一个体现你个人品位的色彩数据库，将来你给客户做配色方案时就会淡定许多。

图 2-46 根据自然风景确定房间主色调

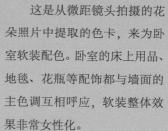

这是从微距镜头拍摄的花
朵照片中提取的色卡，来为卧
室软装配色。卧室的床上用品、
地毯、花瓶等配饰都与墙面的
主色调互相呼应，软装整体效
果非常女性化。

图 2-47 根据大自然中花朵颜色确定房间主色调

* 配色技巧 2：根据房间朝向
##　　　　　　确定房间主色调

不论是建筑师、室内设计师还是软装设计师，都会关注一个问题：空间的朝向和光线怎样？因为采光设计直接影响一座建筑的热辐射量和保温层效果，进而影响到建设成本，所以建筑师在设计时要充分评估考虑建筑的朝向、采光率和窗墙比。室内设计师当然也关心室内空间的采光效果，了解房间中直射阳光分布的范围，思考在哪里增加隔断，会不会影响房间的平均照度，白天需要配置多少光通量的灯。软装设计师首先要分析建筑师和室内设计师的方案是否存在明显的问题。如果室内空间过于高大，窗户面积太小，从而缺乏直射光，那么提出的软装配色方案就要建议家具和抱枕颜色为冷暖对比色，同时扩大墙面、地面的亮色系面积，以减少空间的清冷和缺乏光照。

现在多数民用建筑的卫生间朝北，缺少直射阳光，所以软装设计师可以选择用暖色系，偏黄、粉、橙的颜色都可增加房间视觉上的暖意（图2-48）。阳光充足的房间，可以用蓝色来调整，绿色系也是非常适合的，但是要增加一些原木色形成弱对比，不会过于冷清（图2-49）。当大面积出现鲜艳色彩的时候，可加入原木色和白色的物品（如地毯、窗帘），以减少鲜艳色块的刺激感。这些配色经验是软装设计师必须了解的。

图 2-48　用暖色系增加卫生间视觉上的暖意

图 2-49 阳光充足的房间适合蓝色和绿色系

* 配色技巧3：根据房间的使用时间段
确定房间主色调

图 2-50　参考客户拍摄的地中海风景，提取色系，完成卧室主色系搭配

　　软装设计师在接手一个新项目后，前期一定要多和客户沟通。本书第1章就详细介绍了如何与客户建立四个维度的沟通，而面对面沟通的第一个技巧就是学会倾听。设计师要换位思考，感同身受才能理解客户需求。如果客户是在家办公的，意味着他在室内的时间很长，那么你可以选择令人身心舒缓的中性色系。如果你的客户是早九晚五的白领，他平时只有晚上才会回到家中，那么你可以推荐色相明确、饱和度高的色系，红砖色系或蓝色系都不错，搭配一些对比色的灯饰或抱枕，这样可以让平淡的生活多一点色彩。如图2-50和图2-51两间卧室风格，因软装饰的主色调不同，而传递出截然不同的生活气氛。图2-50中，浓郁的蓝色更配合夜晚的暖黄光，营造出神秘的浪漫情调。图2-51中，因反射作用，地毯的暖红色反射到白色墙面，使得整体空间氛围轻松和惬意。

图 2-51　参考客户喜欢的网络图片，提取色系，完成卧室主色系搭配

也有一些特殊情况，客户并不能准确地描述自己的色彩偏好，此时你要告知客户，设计师的色彩偏好不能替代客户的偏好，因为将来使用空间的不是设计师而是客户。此外，除了使用上述三种配色方法，你还可以在沟通的过程中引导客户认识自己的色彩偏好。譬如，你可以建议客户打开自己的衣橱，看看自己喜欢穿什么色系的衣服，或者找出自己最喜欢的一幅画，或者回忆一下自己感觉最美妙的电

影画面。这些实际上反映了客户潜意识下的色彩偏好。如此一来，你就能以客户的色彩偏好为依据确定软装配色方案了。

这里要提醒大家，以客户的喜好为软装方案的设计依据，并不是要照搬他们喜欢的某个颜色来完成软装颜色搭配。下面列举一些配色方案供大家参考。大家可以依此方式，来分析自己从网络或书籍里看到的软装方案的优缺点。

2.3.3 配色案例分析

　　软装设计师可通过分析已完成的软装配色设计案例（图 2-52、图 2-53），来提高自己对不同色调的敏感度，察觉自己对不同色调的感受变化，最好能用文字记录自己的感受，请大家尝试根据本小节所学内容，用一个形容词描述你看到本页空间色彩的感受，例如：温馨的。最好是能利用本章所学色相分析的知识，深入分析为什么一些色彩放在一起容易营造和谐的氛围，而有些色彩搭配在一起就能给人以活泼亮丽的感受。日积月累，你就可以搜集很多配色案例，从中提炼出自己的配色数据库。每当项目进入方案设计阶段，你可以根据客户需求进行筛选，再利用美间等软装设计App，快速生成几个场景拼图，方便你及时与客户沟通，以最终确定软装设计风格、主色调和主材质等内容。因本章篇幅所限，本页的二维码中提供了一个配色数据库，方便读者查阅。

图 2-52 软装配色设计案例 1

图 2-53　软装配色设计案例 2

第 3 章　软装五大要素解析

* 深入分析家具、灯饰、花艺、布艺、
  艺术品五大设计要素的特性
* 熟知各要素的设计原则
* 掌握各要素的搭配技巧

在大众的观念中，家具不属于软装设计范畴。这个观点正确与否，留给大家在未来接触设计的过程中获取答案。而作为一名软装设计师，你可能面对下面两种工作状态。第一种情形，当你接到软装项目时，如果空间中已经有家具，而你只需要增加其他软装要素，这时你就要对现状进行考察，看看空间中已经存在的家具是什

么样，然后，你才能开始制订软装方案。第二种情形，你是室内设计团队的一员，专门负责软装方案设计，那么你就要认真研究家具的风格、材质、结构、尺寸，并且要考虑家具与其他软装要素之间的搭配关系。本部分将围绕上述问题，提供一些学习方法和设计思路。

我们可以用图3-1家具选择和搭配思维导图帮助自己梳理清楚家具的特征，如家具的尺寸、材质、结构以及风格。关于软装风格的问题在前面室内风格简史中已经详述过，这里不再赘述，接下来围绕家具的尺寸、材质和结构逐一解析。

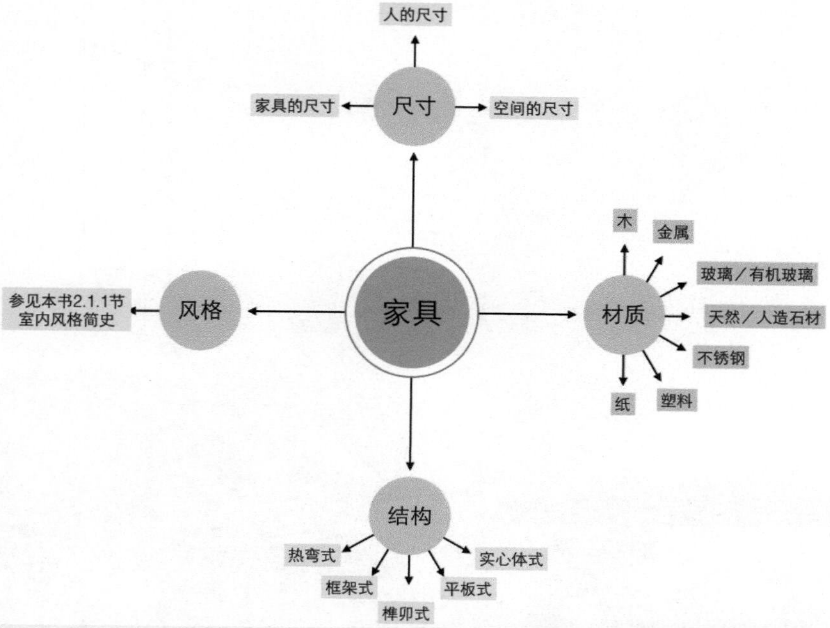
家具
尺寸
人的尺寸
家具的尺寸
空间的尺寸
风格
参见本书2.1.1节
室内风格简史
材质
木
金属
玻璃／有机玻璃
天然／人造石材
不锈钢
塑料
纸
结构
热弯式
实心体式
框架式
平板式
榫卯式

图 3-1 家具选择和搭配思维导图

3.1.1 尺寸

在室内空间布置家具，首先要考虑尺寸的问题。大众面对各种样式的家具时，关注的往往是外形，而设计师可能先关注的是这件家具的尺寸是否适合特定的空间，适不适合使用者的使用需求，家具坐起来用起来是否省力。总结一下，设计师必须综合考量：家具的尺寸、空间的尺寸和人的尺寸。前面两个尺寸容易理解，最后一个人的尺寸为什么要关注呢？试想，一个身高 1.9m 的人和一个身高 1.5m 的人，他们坐在同样座高的沙发上，设计师如果不考虑尺寸差别，直接找一个标准尺寸的家具，恐怕他们都不喜欢这个沙发，因为家具尺度不合宜，用起来不舒服。关于家具尺寸标准，建议大家查找经典室内设计工具书《室内设计资料集》，里面对此问题进行了详尽的解释。

在设计师已经明确家具尺寸与人的行为关系后，应该考量选择什么结构的家具。

通常，一件家具的外形即能够显示它的内部构造和结构，实现形式与功能的统一。但是，现在市场上有些家具设计师采取的是反常规设计的思路，有些家具并不能通过外形就能判断其内部结构，所以设计师需要练就火眼金睛才行。建议新手设计师能够亲临家具工厂观摩，从而积累一些家具构造设计的经验。即便是被多层软包材质包裹，你也能推测出家具的内部结构和制作工艺。很多设计公司都有长期合作的家具厂，新手设计师可以通过公司找到参观机会，还可以关注一下每年在上海等地举办的国际设计周以及国际家具展，直接到展览现场了解各种品牌的经典家具或新生产品，这些都是快速了解家具行业的方法。

框架式

平板式

热弯式

框架式

模铸

图 3-2　家具内部结构种类

3.1.2　结构

市场上的家具内部结构可分为榫卯式、框架式、平板式、实心体式和热弯式（参考图3-2）。

欧式古典家具均以木框架式结构为主，搭配天然皮面料或者羊毛布料，表面装饰必定要出现多层木制装饰线条。现代简欧风格的家具同样喜欢使用框架式结构，常采用不锈钢金属制作好家具的承重框架，其他非承重部位可使用布面，如图3-2 中的单人沙发和双人沙发。

平板式家具产生于20 世纪初，工业化生产为平板家具的批量生产提供了基础。平板式家具在组装之前，可以拆解成一片片板状，占空间少，亦方便搬运；平板式家具几乎都是直线形的，没有多余的曲线和线脚装饰。宜家家居的家具是这种平板式家具的典型代表。

实心体式家具，对材料的承重要求比较高，如果是木头，要很粗的树木才行；如果是金属块或者石头，会导致家具的自重过大，不便于移动。如果喜欢这种厚重

图 3-3 帕米欧椅

感的家具，可以选择大理石饰面的茶几或实心木制作的矮墩等。

热弯式家具兴起于20 世纪30 年代的北欧芬兰，家具设计大师阿尔瓦·阿尔托研制出多层压变曲胶合技术，创造了多款风靡全球的悬挑椅，如图3-3 和图3-4 所示。图3-3 中的椅子叫作"帕米欧椅"，它的名字源自芬兰西南部的一个小镇，阿尔托曾经为这个小镇设计了一座肺结核疗养院的建筑、室内空间和家具陈设。阿尔托设计的这把扶手椅靠背角度是为了帮助病人躺下时能够更顺畅地呼吸，可谓是经典中的经典。图3-4 中的椅子名为"阿尔瓦·阿尔托31 号椅"，这款椅子与帕米欧椅的最大区别在于悬挑，确定了如今悬空躺椅的基调。

但并不是只有北欧人喜欢弯曲木家具，东南亚各国自古就有采用热弯技术制作竹质家具和陈设的传统。设计师如果想打造清新自然的空间氛围，不妨使用竹质弯曲形态的家具，并与布、纸、皮、藤等材质的陈设搭配（图3-5）。

图 3-4 阿尔瓦·阿尔托31号椅

3.1.3 材质

接着分析一下家具的材质特点。软装设计师既能选择造型时尚的家具以博大众眼球，也要善于混搭不同质地的家具，形成一种低调的奢华感，所以建议软装设计师不要总是盯着家具的外形，而要加深对家具材质的理解。家具不像艺术品、画作，要经得起时间的考验。什么是时间的考验？就是要经用，摸着舒服，用得方便。如果一件家具只有美感，没有手感，那么这件家具更适合放在展台上，而不是家里。

图 3-5 东南亚国家采用热弯技术制作的竹制家具

图 3-6 紫檀木罗锅枨南官帽椅

自人类文明开始，我们总是不断地改善着自己生存环境的舒适性。华夏文明绵延数千年，先辈们早就参透人与自然和谐相处方能持续发展的道理。其"天人合一"的哲学观影响着中国古人日常生活的方方面面，创造的家具也不例外。

中国的明式家具之所以能闻名于世界，至今仍受到国内外粉丝们的追捧，关键在于它的结构之美、材料之美、形式之美的高度结合。图3-6是紫檀木罗锅枨南官帽椅，其选料、样式和结构按照传统方法打造而成。图3-7是某公司设计的中式风格沙发，看起来像是框架结构，但实际上完全是按照榫卯结构纯手工制作，在传承的过程中体现创新。

中式木构造家具，尤其是古典明式家具，造型极为简练，线条流畅。不论背景是欧式风格还是摩登都市风格，中式古典家具都能给你的家带来经典和雅致。正如图3-8所见，几把中式圈椅、宽大的案头和空灵的屏风尽显禅意。

在嘈杂和快节奏的都市中生活太久了，越来越多的人选择在离市中心几十公

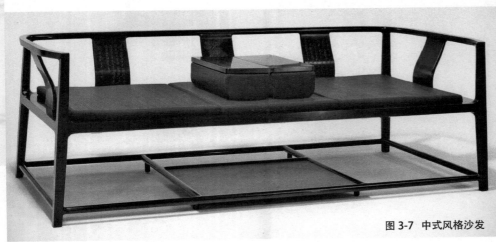

图 3-7 中式风格沙发

图 3-8 中式圈椅、宽大的案头和空灵的屏风尽显禅意

里外的郊区买房，即便路上要多花半小时的车程也愿意，因为环境可以改变人的心境，而回归田园不仅是逃离都市污染的结果，更是我们亲近自然的内心做出的选择。原木刷清漆、粗麻肌理、拉毛或颗粒质感的石材、手工吹制玻璃、陶瓷饰面等材质正成为设计师的偏好，利用它们创造自然风格。图3-9中，床和床头柜为典型平板式现代家具，但床头板却选取了一截原木，树瘤和开裂的木纹形成一种特殊的触感，仿佛会闻到树心中散发的清香。另一种特别讨人欢喜的家具材质是藤。藤编质地的家具，不仅容易与其他材质混搭，还能快速提升空间的轻松惬意氛围。图3-10所示的这间餐馆中，多数家具为现代风格，线条流畅，点缀其间的藤编家具，

减少了工业化家具的冰冷感，使得整个餐厅形成清新自然又有时代气息的氛围。餐馆的其他软装要素同样延续了这种特质，桌子台面为大理石，但顶部采用吹制玻璃灯罩，工业化产品与手工艺相得益彰。

此外，我们不可忽略的材料是布艺。每次去材料市场或家具展会，设计师都会发现布料家具占比最多，而且找不到同样的两块家具布料，其图案、色泽、纹理千变万化却又差别不显著。有些设计师面对海量布料，内心很是纠结。其实，不仅布料、塑料、金属、石材、纸等材料都是如此海量且差别微小。那设计师应如何训练自己对材质的敏感度，提高自己的辨别能力呢？

图 3-9 原木的床头板设计，创造出自然风格

图 3-10 在现代风格的家具中点缀藤编家具，形成清新自然又有时代气息的氛围

建议大家找几种不同质地的家具放在一起，闭上眼睛用手去触摸家具，体会材质的温度、纹理、软硬等感受。如果学习的条件有限，建议多跑几趟家居商场，每次给自己设定一个学习主题，可根据图3-1来设定一个学习主题，例如：一件家具中

采用木配布效果如何，换成金属配玻璃触感如何。

此外，在推敲设计方案的过程中，可以搜集不同材料，制作材料样板。将不同的材料样板放在一起比较效果，可能会产

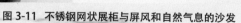

图 3-11　不锈钢网状展柜与屏风和自然气息的沙发 　　　　　图 3-12　蓝色有机玻璃隔断与同色沙发呼应

生意想不到的创意方案。

　　那些具有大弧度流畅曲线的家具也是现代工业化的产物，因为在现代工业时代之前，材料和工艺上都做不到这一点。此外，运用金属、玻璃、水泥或抛光大理石等材料制作而成的家具越来越多，这些不同材质的家具混搭在一个空间中，容易显示空间的现代感和时尚感。图3-11的案例是So Studio 团队的设计作品，该商业空间的家具采用不锈钢网状的展柜与屏风，沙发虽然是工业化产品，但形态却有种自然气息。图3-12 中，商店内的隔断换成了蓝色有机玻璃材质，与一旁的沙蓝色软包沙发相呼应，个性且现代。

家具混搭的最高境界就是"和而不同"。图3-13这个案例中，设计师选择的每件家具都是现代简约风格，颜色以白色为主，但采用的家具材质和纹理各具特色，包括了大理石、长羊毛、短绒、金属喷漆、玻璃、木纹、不锈钢等。

图 3-13 不同材质和肌理的家具，以白色统一，打造出"和而不同"的空间

3.2 灯饰

软装设计师通常对灯具的外形、材质、颜色、灯罩图案等方面较为关注，而对灯具的出光方式、光源种类、光通量、色温、瓦数等指标不感兴趣，对于水平照度、垂直照度、遮光角、配光曲线等概念更是十分陌生，并且认为软装设计师，只要关注灯具看起来美不美就行。但是如果这样你很快就会被那些注重学习灯光知识、了解灯具指标的软装设计师抛下，因为他们认识到评估一个空间的光环境品质的重要性，灯具除了作为环境装饰的一个部分外，还要实用和舒适。本部分首先介绍灯具的五种出光方式，以及分辨灯具搭配的两个常见误区，最后分析四种装饰性灯具的位置，引领大家学会批判性地思考装饰性灯具在整个软装方案中的价值。

首先，软装设计师要具备一个基本认识，即一个完整的灯具产品包含光源、支撑结构、配光元件（如灯罩、灯杯）、适配器、电线这五个部分，缺一不可，否则就不能称为一件灯具产品；其次，市场上的灯具产品可分为两大类：功能性灯具（常常分为筒灯、射灯、灯带等）和装饰性灯具（常分为吊灯、台灯、壁灯等）；此外，软装设计师还要了解灯饰的光效与空间的关系。图 3-14 这个案例是一个典型的见光不见灯的案例，利用光而不是灯具来装饰空间，营造出一种柔和的光效。

图 3-14　利用光而不是灯具来装饰空间，打造见光不见灯的效果

软装设计师有必要理解清楚光源的色温概念。如果打开几盏灯，我们可能会发现每个灯的灯泡（光源）的颜色看起来都不一样，那么为什么不一样呢？因为这些灯泡在生产时设定的色温值不同，不同的生产商即便生产同样色温值的光源，光源的颜色看起来也不同。色温值有以下规律：色温值越小的光源看起来比较黄，给人以温暖的感觉；而色温值越大的光源看起来比较白，给人以冷冰冰的感觉。如果大家想系统了解光源的色温、光通量、配光曲线、防眩光、遮光角、水平照度和垂直照度、采光系数等内容，可以系统学习《室内光环境设计师培养手册》等专业书籍，在此不赘述。

3.2.1 运用灯饰的三大误区

灯饰是软装设计中非常重要的组成部分，有时灯具会成为整个空间中最吸引眼球的部分，有时灯具在不经意间营造出独特的氛围，有时灯具静静地藏于墙面，让你视而不见……那么软装设计师应该如何搭配灯具呢？在回答这个问题之前，首先整理出在灯具搭配上常见的三个误区。

第一个误区就是，人们常认为房间中最大的那盏灯看起来亮，觉得这个房间也应该是亮的。但是，在软装设计师的眼中却不是这样的，而是只有受照面亮了，才是真的亮起来。图3-15展示得比较清楚，墙角有11盏点亮的灯具，但是看看前面的办公桌，桌面离地80cm，离最近的灯具垂直高度也是80cm，但是当你坐在桌前，开始看书或写字时，本来你觉得够亮的桌面，却觉得缺少光，还不如墙面看起来亮。这个例子说明，不要以为灯具本身看起来亮，就等同于房间很亮，关键是要看

人们需要的区域，也就是受照面是否达到理想的亮度。

大家可以回忆一下住在一些五星级酒店的感受。进入大厅，第一眼感觉不是很明亮，甚至有的是暗暗的，给人一种幽静的氛围。但是当你走向服务台办理入住，或者走到吧台点一杯饮料时，台面的光线刚刚好，你很容易就看清房卡上的号码或者菜单上的价格。观察一下，你就会发现酒店里总有一些具有定向照明功能的灯具来保证这些区域的光线充足，而灯具本身是不亮的或是隐藏起来的。这也说明了灯具本身可以不亮，但是空间或受照面可以很亮。

灯具数量是改变室内光线的因素之一，但不是唯一因素。软装设计师可以对项目现场各个空间进行观察，为客户分析房间的自然光条件，分析夜间光环境的功

图 3-15 灯具亮不等于空间亮

误区2：灯具多 = 空间亮

能性需求，再来考虑如何利用灯具和光达到装饰的效果。

拥有专业知识背景的软装设计师发现室内光环境存在问题时，首先想到的是：装饰性灯具中每个灯泡的瓦数是多少？一盏灯的总光通量是多少？灯具安装在什么位置？离受照面的距离是多少？水平受照面的照度要求是多少？诸如此类的专业问题会扑面而来。对于非照明专业的设计师和客户而言，可以通过以下两个步骤来明确一个空间的光环境设计目标。

第一步，明确所研究的空间的主要功能是什么，例如会议、餐厅、办公。建议设计师查找国际照明协会和中国照明协会官网提供的照度标准，再拿着照度计到空间中测量一下实际照度，就能初步判断该空间的平均照度和重点照度标准是否符合要求。这时设计师也可以根据实际视觉感

图 3-16　用磨砂半透明材质的灯具，令餐厅光线柔和，桌面明亮

受来观察室内环境是否存在过亮或过暗的受照面。

图3-16这个餐厅案例，就餐区的桌面需要亮一点，周边环境的水平照度均匀柔和，以契合设计师的色彩设计理念，打造出一个柔和、闲适、具有高级感的喝茶空

间。设计师采用单个2700K的光源，灯具为磨砂半透明材质，每个吊灯正对下方的桌面，光线柔和，桌面明亮。

第二步，明确这个空间中出现装饰性灯具的位置在哪里，主要目的是什么。参考图3-17这个案例，悬挂在吊顶上的复

古造型吊灯，主要作用是烘托居室氛围，并不是用来照亮环境，所以增加了一盏专门照亮桌面的台灯。

　　下面分析两个餐桌的灯具是否恰当。软装设计师要认识到餐厅桌面上布置吊灯一般是有两个目的：其一照亮餐桌上的物品；其二营造温馨的进餐氛围。但是，如果客户特别喜欢的一款吊灯无法兼顾这两个目的，那设计师就要学会拆分功能。图3-18的餐厅中这个黑色灯罩的吊灯，虽然看起来美，但是光线并没有集中在桌面上，而是发散到上方天花板，造成桌面的照度不足。设计师应该在顶棚上加一个射灯作为吊灯的补充照明，以弥补这个装饰性吊灯的不足之处。图3-19中，餐桌上安置的是一款半透明材质的吊灯，其照明方式为漫反射，可以均匀地向周围环境发散光线，而且灯具的底部没有遮挡，光线可直接照射到餐桌上。显而易见，这个餐厅的灯具选择比较恰当，其装饰性和实用性兼备。

　　图3-18和图3-19中，餐厅桌面的吊灯并不需要照亮餐桌，而是起一个引导作用，让顾客看到其外形和色温。实际照亮桌面的是吊灯旁的LED射灯，这个7W的射灯能保证桌面达到300lx以上的照度，那么吊灯的灯泡可选择色温约2200K，功率约3W。

图 3-17　台灯白天作为软装的一部分，夜间作为重点照明

图 3-18　吊灯光线发散到上方，造成桌面照度不足

图 3-19　吊灯兼顾装饰性和实用性

误区3：灯具的装饰性与功能性不能兼顾

图 3-20 较高空间的灯饰搭配

作为软装设计师，既要满足客户提出的功能性要求，又要兼顾美感。灯饰与软装设计其他要素最明显的不同是：它是集功能、艺术、技术于一身的独特存在。这是因为灯具本身可以成为空间的主角，同时灯具发出的光对人的感受、空间的色彩、材料的质感产生直接的影响，也就是一物多用的概念。软装设计师不要被"灯具的装饰性与功能性不能兼顾"的固定思维所误导。

图3-20中酒店休息区空间非常高，不太容易处理光线，但设计师所选灯具类型、尺寸和风格皆适宜。顶部的吊灯为两层多头和漫射灯罩，使得整个空间的平均照度足够。此外，沙发两侧的落地灯尺度相较于台灯，尺寸较大，可以弥补吊灯照度至沙发区域有所衰减的遗憾。落地灯造型简洁，灯罩为半透明材质，散发出柔和均匀的光线，强化了沙发区的亮度，也不会在沙发侧面形成暗影，使得沙发看起来温馨、柔软。

3.2.2 灯饰的位置

图 3-21 案例原图

不论是家居空间，还是各种商业性空间，吊灯、壁灯、落地灯、台灯这四种灯具种类既具有实用性，又能兼顾装饰性，值得软装设计师分析其空间中的位置以及搭配规律。首先就是要观察这四种灯具常在空间中出现的位置和尺寸。除了对各种案例进行分析外，还可以参考环境行为心理学中对人的使用行为以及人体工程学对人体尺寸的研究数据，目的是摸清灯具出现的一般性规律，这样就能解决设计中遇到的80%的问题。

图3-21为案例原图，图3-22和图3-23为该案例灯具位置分析图，标示出了不同灯具的名称以及对应的辐射范围，为大家提供了参照模版，以后可以用这样的方法分析一个空间中灯饰的位置是否恰当。

灯具特征分析如下。

台灯：适合沙发区交流所需光线。

射灯：重点照明和提示作用，功能强大。

灯带：需隐藏后形成洗墙效果，装饰性佳，见光不见灯。

壁灯：装饰性强，补充天花或墙壁照度，功能和装饰二合一。

烛台：重点照明，辐射范围小，但是装饰作用很大。

落地灯：局部照明，可弥补主光源的照度不足，易于调节高度，兼顾功能性与装饰性。

图 3-22 灯具位置分析图 1

台灯　射灯　隐

壁灯　　　　　　　烛台　吊灯　　　　落地灯

图 3-23　灯具位置分析图 2

（1）吊灯

　　首先，软装设计师定位清楚一盏吊灯在空间中的位置。明确两个尺寸是否合理。第一个尺寸是指灯具下沿与吊顶之间的距离。通常，室内空间中的吊顶离地面约2.3～2.6m。建议灯具悬挂时，离吊顶的距离不超过1m，以避免人站立时碰头。第二个尺寸是指"灯具下沿与受照面的距离"，同时要结合灯具的出光方式，是为空间提供环境光还是定向光，如果是提供环境光，灯具本身只要不产生直射眩光，装饰性可以加强；如果是提供定向光，必须优先考虑灯具到受照面的距离。同样的光源，距离远则受照面上的照度值低。这两段尺寸数值因室内净高和受照面的位置变化而变化，建议软装设计师在安装灯具时，在现场进行微调。另外，吊顶上除了安装吊灯，还可以安装筒灯或射灯来配合。例如餐厅吊顶上已经安装许多的筒灯，那么餐桌上的吊灯就不必过量，也可以采用漫反射出光方式，吊灯的装饰性作用更强。如果餐厅周围的功能性照明不足，餐桌的一般照度要求为

图3-24　灯具尺寸和辐射范围存在缺陷的餐厅

图3-25　方桌尺寸和灯具尺寸匹配的餐厅

200～300lx，那么餐桌上方的吊灯就要离餐桌更近一些，数量更多一些。以此为前提，再考虑吊灯的装饰性。

　　请仔细观察图3-24～图3-26所示的三个案例，分析所选吊灯是否存在问题？譬如：吊灯的出光方式是否合理？灯罩的材质是否产生直射眩光？吊灯的装饰性与功能性兼顾得好不好？

　　图3-24和图3-25所示案例都是在桌面的正上方位置设置了吊灯，并且两个吊灯都采用了直接照明方式，意味着人们在这个空间里进餐，可以直接看到全部的光源。从装饰性角度来说，成功地吸引了人们的目光。但是，图3-24的问题是，椭圆形长桌面积大，桌面作为受照面，照度不均匀，这个灯具的尺寸和辐射范围都存在缺陷。图3-25中方桌尺寸和灯具尺寸匹

配，高度也比较合适，桌面照度均匀。

图3-26中，床面正上方有一个巨大的8头吊灯，且吊灯离床比较近，当人躺在床上，正好看到无遮挡的直射光。卧室中应尽量避免选用产生直射眩光的灯具，否则会造成光环境舒适度降低。虽然灯具本身形态、材质、风格都能与家具和空间协调，但是设计师对灯具的出光方式和尺寸等特性考虑不足，导致这个案例出现了明显的问题。

图3-26属于常见又不容易察觉的情况，不要说大众，即便是软装设计师也容易被外观美迷惑，而失去对环境和条件的客观分析，甚至给这样的失误找个理由说："装饰性与功能性不能兼顾"。这个理由有些牵强。

图 3-26 床上方吊顶产生直射眩光的卧室

（2）壁灯

壁灯是固定安装于墙壁上的一种灯具类型，优势是可以不占用地面空间，同时具有很强的装饰性。但是灯具的选择需综合考虑周围环境照明亮度、定向照明的范围、灯罩的防眩光功能，因为有时运用不恰当，也会造成墙壁垂直照度过多，并且容易形成奇怪的影子。图3-27中，整体软装风格非常到位，但是失败的是灯具搭配。吊灯虽然装饰性很强，但整体照度不足，甚至都没有墙上的壁灯明亮。沙发旁两侧的壁灯选择了半直接出光方式叠加漫射照明。设计师的意图是，一盏壁灯既要向下直射茶几，又要通过灯罩形成柔和的环境光，同时还希望向上照亮墙面的兽头装饰物，但是显然效果并不如设计师所想象的那么完美。墙面上出现了令人不舒服的影子，沙发也成为影子中的暗区，建议墙面垂直定向照明还是补充射灯或者筒灯，效果更好。

图 3-27 装饰性壁灯的照明方式若不合适，将直接影响其他装饰物的呈现效果

图 3-28 活泼的壁灯，装饰性大于功能性

所以在选择壁灯时，首先要明确壁灯的安装位置和辐射范围。壁灯肯定比吊灯的辐射范围小。当软装设计师挑选一些功能性的壁灯时，主要考虑其是否能照射到指定的区域，比较适合小尺度的空间，例如使用壁灯作为床头阅读灯，或者照亮艺术藏品。而在挑选一些装饰性的壁灯时，则优先考虑其外形、材质或者是否产生眩光。图3-28 这个案例中，壁灯的形态非常活泼，打破了空间的沉闷，显然装饰性大于功能性。所以材质与镜面框相呼应，选择了黄铜色，灯泡相应地使用低瓦数即可，也不会看起来眩目。

(3) 台灯

台灯大部分是被安放在茶几、书桌桌面上，茶几离地 400~500mm，书桌离地 700~760mm，人的坐高视线离地约 1200~1400mm，台灯的可调整高度应该是 600~700mm 的范围。茶几上放台灯尽量采用漫反射出光方式，以避免直射眩光（图 3-29）；桌面上放台灯，出光方式建议是直接光，可以有效集中光线，保证桌面阅读区的照度达到 400lx。灯罩使用不透光材质，因为灯罩离视线距离近，容易引起视觉疲劳。此外，应注意台灯所形成的重点照明区域的照度与周围环境照明的照度比值约 3：1，人眼的舒适度比较高。

图 3-30 日常行为与灯具位置的关系分析图

(4) 落地灯

落地灯同样也是一种以装饰性为主、适合局部重点照明的灯具类型，它还能弥补吊灯、射灯、筒灯照射不足的水平面，落地灯通常都是可调整高度，便于使用者根据需要调节。请参考图 3-30，这张图是《居室设计创意指导手册》一书关于照明设计章节中，解释如何"根据每个区域人的行为和视点高度来决定灯具的安装位置"来选择合适的灯具类型的。实际上，常用灯具的高度与使用者活动水平高度存在一个匹配关系。设计师必须注重分析这种匹配关系进行分析，这样才能为客户提供更高质量的设计方案，最终使得客户受益。

图 3-29 茶几上放置台灯，建议以漫反射出光方式为宜，可柔和人的面部光影，也不会产生刺目的眩光

3.2.3 灯具的五种出光方式

前面对灯饰搭配的常见误区以及各个灯具类型的特点进行的详细分析表明，灯具的出光方式会直接影响灯具的光效。如果不对灯具的出光方式进行分析，会降低人们的视觉舒适性。这里讲述的"出光方式"就是专业灯光设计师所说的"照明方式"。参考图3-31~图3-35更便于理解。

(1) 直接光

灯具全部光线直接出现在人们的视野里，常见的有射灯、筒灯、水晶吊灯等（图3-31）。

(2) 间接光

灯具的所有光线都要经过反射后才出现在人们的视野里，见光而不见光源，也不会产生直射眩光。光线经过反射后照亮环境，看起来比较柔和，譬如背景墙、吊顶里暗藏的灯带形成的效果（图3-32）。

(3) 漫射光

使用半透明材料制成灯罩，光线柔和，不会造成直射眩光（图3-33）。

(4) 半直接光

灯具的光线中大部分是直接光，小部分是间接光。如书桌上的台灯大部分光是朝下的，一小部分照亮了墙壁。还有公园里的路灯，可以直接看到大部分的光照亮地面，而只有小部分经反射后被看到（图3-34）。

(5) 半间接光

灯具的大部分光线是间接光，经过环境反射后再照射到主要目标物上，另外小部分光是直接光，照亮周围环境（图3-35）。

图3-31 直接光

图3-32 间接光

图3-33 漫射光

图3-34 半直接光

图3-35 半间接光

3.3 花艺

车尔尼雪夫斯基曾说过："艺术的第一作用，一切艺术作品毫无例外的一个作用，就是再现自然和生活。"生活中，不论是在餐厅的餐桌上搭配一束可爱的雏菊，还是在商场的休憩区摆上大盆的天竺葵，或者在酒店的前台安放一盆粉嫩的蝴蝶兰，或者看到办公室里公司的标志被绿植墙环绕，办公室也充满了生机，总之，花艺的装饰价值不言而喻，让人心情愉悦，帮助人与人之间开启一段舒服的攀谈，或者一次美好的旅行。

软装设计师应该充分挖掘来自大自然的美，可采用装饰效果显著的插花、盆景或植物墙等形式来改变空间氛围，提升空间的视觉舒适度。当然，软装设计师也需要了解插花、盆景和植物墙的不同特点、搭配原则和设计技巧，才能最大化地展示出花艺的装饰价值。图3-36 这个案例所展现的氛围，就是将逼真的装饰植物与壁纸、地毯、布艺相互配合，展示出独特的家具展厅风格。

图 3-36 茶几上放置台灯，建议以漫反射出光方式为宜，可柔和人的面部光影，也不会产生刺目的眩光

3.3.1 花艺与花器搭配

市面上有一些教插花的视频和线上课程，侧重点在花的种类、姿态、艺术审美和搭配技巧，非常受用，本书不再赘述。本部分重点解释一些在花艺搭配中常被忽视但又非常重要的方法，包括花艺容器与花的搭配要点、盆栽花木的搭配方法以及装饰插花的搭配方法。

花器作为花艺设计的重要组成部分，关乎整体气氛的营造。通常，只要底部有排水孔、可种植物的容器，均可当成花器。花器种类繁多，变化万千，但基本的形态有以下几种：盘、钵、筒、瓶及其变形。以上都是台式用花器，生活中的许多日用器皿均可派上用场。比如厨房里的碗、盘、汤盆，塑料的茶盆、漏筐，木制的果盒、果盘，都可用来给插花艺术造景（图3-37、图3-38）。

图 3-37　居室中搭配花艺和花器时，要考虑其色彩、形态和质地与其他软装要素相衬，如此才能起到点睛的作用

筒：基本特征是容器口部与底部大小相仿，容器口多为圆或多棱形，也有异形扁口。

钵：基本特征是容器口部比底部宽，底部较深，底足有高也有低。

篮：包括悬挂花器和壁挂花器，共同的特点是都有供攀挂的环或洞。

瓶：通常容器口部小，腹部大，有瓶颈。

盘：基本特征是容器底部浅，口部宽阔，适合数量多的大型插花。

图 3-38 各种花器

图 3-39 陶瓷花器

图 3-40 玻璃花器

图 3-41 陶土花器

图 3-42 木质花器

图 3-43 藤编花器

图 3-44 金属花器

花器的材质也值得我们关注，常见的花器材质有陶瓷、玻璃、陶土、木、藤编和金属、塑料等。图3-39～图3-44是几个案例供大家参考。软装设计师选择花器时，要考虑质地与桌面颜色、质地和光线之间的关系。例如图3-39中的青花瓷陶瓷花器能很好地衬托白色兰花的娇嫩，并且与沙发上印有蜡染图案的靠垫相呼应。再看图3-41，陶土质地花瓶与仿古边桌搭配，凸显瓶中如古典油画色调的花束，如果这里换成了图3-44中的金属花器，效果肯定不好。

图 3-45　欧式餐桌插花，打造出节日里家庭聚餐氛围。餐桌花艺流程和技巧可扫码学习，课件制作：赵雯

3.3.2 盆栽花艺的运用技巧

首先，软装设计师应了解适合在室内种植的花木种类，例如绿萝、常春藤、吊兰、芦荟、冬青、君子兰、水杉、龟背竹、铁线蕨、月桂、鼠尾草、紫苏、百里香、迷迭香、柠檬树、天竺葵等，还有多浆植物和景天类植物，既可爱又容易养活。这些盆栽植物可以搭配在一起制作成植物墙（图3-46）。不过，现在很多公共空间以不便打理为由，常使用仿真花木来制作大面积的植物墙，有一些效果还是不错的。另外一些高大的观叶植物适合开阔的空间，例如滴水观音、发财树、棕竹等，在酒店或商场里常用。居室内也可以放一盆高大的绿植，引导人们的视线向高处延伸（图3-47）。

其次，软装设计师应了解室内盆栽花木的种植条件，宜选择小株且需土不多的植物，或者水养植物，这类小型盆栽不仅好养活，也便于移动、松土和施肥。如果客户是自己打理室内花木，可以建议他们将小盆栽连盆一起放入制作精细的容器中，例如青花瓷盆、手工制的玻璃器皿、小木箱、陶土盘等，这样就能直接将小盆栽拿到阳台松土和施肥，再放回室内里时，不会弄脏地面（图3-48、图3-49）。

图 3-46 当人们看到墙面上的植物时，仿佛室外自然环境延伸至室内空间，从而减少了墙的闭塞感。绿植墙面确实是一种讨巧的方式

图 3-48 盆栽绿植的花器，可选择与家具相衬的材质。如果家具是仿古做旧的木制，那么花器可以选择陶制或藤编材质，田园风格立刻完美呈现

图 3-49 圆形西餐桌中间的花艺，不能过大，影响餐桌摆放，高度不宜超过人们入座后的视平线，以免影响人们进餐时交流

图 3-47 高大的绿植可放在房间角落，引导人们的视线向高处延伸，形成空间似乎变得高大的错觉

3.3.3 花艺装饰的学习路径

我们知道，艺术来源于生活，又高于生活。前面已经介绍过软装设计师的艺术修养提升路径，如通过阅读来了解艺术史上的经典画作和理论；经常去美术馆和博物馆，尤其是当代艺术博物馆接触新的艺术观念和作品；经常接触大自然，感受大自然的魅力，从自然之物中汲取设计灵感，随时记录，并整理成为自己的设计灵感宝库。下面总结花艺学习的三条路径。

其一，分析世界名画或经典作品的特点，例如莫奈、凡·高、雷诺阿、塞尚等艺术大师的花卉画作，分析画面的色彩、形态和种类，可收获不少设计灵感。

其二，学习插花艺术入门课程，快速入门。

其三，也是最容易做到的，多逛逛高端的商场、酒店、餐厅、样板房，观察装饰花艺在这些空间中的摆放，给你的视觉感受是否舒服，不仅要观察花的色彩、形态、种类，还要记录花器的质地、造型、尺寸等，分析花、花器、环境三者之间的关系是否合宜。如图3-50甜品店的白色桌面上的装饰插花，设计师选择号称花艺届最显高贵的

图 3-50 芮欧百货 Chikalicious 甜品店，设计师：吴轶凡

马蹄莲，在龟背竹叶的衬托下更显纯净。二者简洁流畅的轮廓线与灯具、家具的曲线相呼应，营造出舒适又不失细节的高级感。

虽然鲜花给人以清新自然的感受，但是在一些公共空间如医院、办公室、商场，极有可能有人对花粉过敏，所以在选择鲜花时尽量避免香味浓烈的品种，或许采用干花结合观叶盆栽方式更好。如图3-51所示，咖啡店的走廊为公共区域，设计师采用干枝花艺装饰，与欧式雕塑混搭，使得该空间艺术范十足。其实，干枝插花怎么插都很美，期待大家探索。这里推荐一些适合做干枝插花的元素：勿忘我、满天星、情人草、薰衣草、玫瑰、尤加利叶、蜡梅树的分枝等。现在市场上也可以买到色彩和形态保存完好的永生花，一般都放在小型的玻璃容器中，适合室内空间，便于观赏和移动，也是很好的装饰花艺形式。

图3-51 北京三里屯太古里野兽派二层咖啡店，设计师：吴轶凡

布艺是软装设计的重要组成要素之一。在原始社会部落中，古代人类即使没有布，也会自然而然地使用皮、草、藤、羽毛等软性的材质来打造一个舒适的居住环境。可见，软装的功能不仅是装饰，还有很多实用价值被人类认可。即使一个毛坯空间，经过软装设计师的整理，也会变得温馨宜居。

3.4.1 布艺的四大功能

功能1：阻隔视线。这个功能其实非常好理解，人们在空间中常常使用的窗帘、门帘、帐幔、屏风都是其应用的场景。窗帘、门帘这些常见的布艺，既可以临时分割空间，也不会给人闭塞的感觉，而且打理起来很方便，可以随季节和软装风格进行更换（图3-52~ 图3-55）。

功能2：保暖和遮盖功能。例如床上用品包括床单、被褥、床围、床罩、坐垫、靠垫、沙发罩等，以及墙面挂的壁毯、地上铺的地毯，都可以提高室内的温暖，减少冷空气进入和暖空气流失（图3-56~图3-58）。

功能 1：阻隔视线

图 3-52 窗帘

图 3-53 门帘

图 3-54 帐幔

图 3-55 屏风

功能 2：遮盖／保暖

图 3-56 床罩

图 3-57 沙发罩

图 3-58 地毯、靠垫

图 3-59 浴巾

图 3-60 餐巾

功能3: 清洁功能。当今越来越多的年轻人对生活细节用品的要求非常高,浴室里的浴巾、厨房的清洁布、餐桌上的餐巾都是经过精心挑选和搭配的。现在很多轻奢酒店的软装设计侧重点也跟10年前不同,更重视餐垫、浴巾、浴袍这些看似为辅助功能,却是能体现酒店高品质服务的柔性设计(图3-59、图3-60)。

功能4: 装饰

图 3-61 布艺灯罩

图 3-62 布艺挂饰

功能4: 装饰功能。布面玩偶、布艺灯罩和壁纸等,图案和花色无需考虑其功能性。通过布艺来展现生活的柔软和美好,是特别讨巧的一种软装方式(图3-61、图3-62)。

在实际运用的过程中,布艺的前三种功能都能同时实现装饰目的。换言之,床笠既可以保暖又能兼顾装饰,餐巾既可以保洁又可以装饰餐桌。

3.4.2 织物的质地和触感特点

软装设计师在构思布艺设计时,不仅要明确布艺的类型和功能,还要熟悉不同布艺材质的质地和触感,才能运用得恰到好处。

大部分的布艺材料比较柔软,手感舒适,但仔细辨别,它们存在不少的差异。

生活中常见的织物材料有纱、棉、麻、丝、毛、珊瑚绒(羊羔绒)等。天然纤维棉、毛、麻、丝与人造化纤材料相比,手感更好,容易令人亲近,创造出的空间更富有"人情味"。参考图 3-63 ～图 3-68 和分析,大家可以逐一了解不同织物的质地和触感特点。

织物可以调和室内因家具或墙面等直线多的物体产生的生硬感。它能使呆板的立面产生活泼起伏的曲线之美,起到柔化空间的作用,既是实用品,又是软装饰品,同时也增添了室内空间的色彩。

纱:具有轻、薄、透的特点,具有柔软的质地,能营造出若隐若现的朦胧美。多用于制作窗帘,有不易积灰、保养简单、不易变形等特点。

图 3-63 纱

棉:手感柔软、外观自然,具有染色性、透气性、吸湿透气性能好,不易过敏等特点,所以多用于贴身床上用品。

图 3-64 棉

麻:肌理感强、透气性良好、强度极高,其朴质、粗犷的外观和质感深受大众的喜爱,常用在北欧或者东南亚风格的居室中。但麻质软装面料缺乏弹性,且容易褶皱。

图 3-65 麻

第 3 章 软装五大要素解析

115

丝：具有手感细腻、轻盈飘逸、纹理细密、光泽性好、垂坠流畅的特点。顺滑的质感能给人透气清凉的感觉，适合在夏季使用。天然丝容易被紫外线损坏，保养不易，不建议大面积使用。

图 3-66　丝

毛：手感柔软，保暖性、装饰性较强，缺点是容易挂尘，厚重不易清洗，因此打理起来比较麻烦，而且不环保，建议使用人造毛。

图 3-67　毛

珊瑚绒／羊羔绒：是一种触感柔软、轻薄，保暖性和装饰性较强的人造化纤材料，容易清洗，不变形，缺点是容易粘尘和产生静电。

图 3-68　珊瑚绒 / 羊羔绒

3.4.3　织物的搭配技巧

室内设计行业有一个无人不知的规律：餐饮业 3 年就要换内饰，酒店业最长 5 年也要换内饰，住宅就不说了，人们可能 1~2 年就厌烦了。看看明星豪宅新闻或逛逛宜家家居商场就想换一遍自家内饰的客户不在少数。软装设计师就像变戏法一样，让室内空间焕然一新。相较于硬装工程，软装是既快速又出效果的途径。当然，软装设计师也不能只是动动嘴就能说服客户，还要深谙软装搭配的技巧，灵活应对客户的百变需求。前面介绍了布艺的价值、功能、应用场景以及多种材质的触感，接下来介绍三个搭配技巧。但这三个搭配技巧并非万能钥匙，只是抛砖引玉，初学者一定要学会分析的方法，在日后的实践中总结更多的搭配技巧。

图3-69中的案例选择麻质地的地毯、床罩、抱毯和枕套。烟灰色、米色、黑色和暗粉色虽然色相不同，但同属于低饱和度，完美打造出看似随意却又高级的布艺风格。

图 3-69　同质地、低饱和度、不同色搭配

第 3 章　软装五大要素解析

117

　　同色系搭配并不意味着用同样的颜色，而是在同一个色系里挑选几种相近的颜色，例如暖色系，可以是粉色、咖啡色、亚麻色和砖红色搭配；冷色系，可以是灰色、紫灰色、蓝紫色、浅蓝色搭配；中性色系，可以是烟灰色、烟草色、灰绿色、奶油色搭配。很多人都喜欢中性色系，即便各种材质都使用，整体效果还是很和谐（图 3-70）。

图 3-70 同色系、不同质地搭配

图 3-71 案例中，篮筐中的绒面毯子、椅背上的条纹毛巾、地面上的宽条纹地毯，虽然纹理不同，但是都属于蓝色系，相互呼应。

图 3-72 也是采用同色系、不同纹理搭配技巧的典型案例。红棕色系给人以温暖的氛围，每个靠枕都有暖色系出现，但是纹理各不相同。这个搭配技巧非常容易掌握，但是同色系、同纹理的效果就不容易掌握，除非采用了酒店"三白"：床单、枕套、被罩，也不会难看，不过也体现不出软装设计师的水准。

图 3-71 同色系、不同纹理搭配 1

图 3-72 同色系、不同纹理搭配 2

第 3 章 软装五大要素解析

119

图3-73 不同色系、不同纹理搭配1

技巧4：不同色系、不同纹理搭配

图3-73、图3-74均采用了不同色系和不同纹理搭配技巧。实际上，这是最不好把握的一种搭配方式。图3-73中的两个布艺沙发，一橘一蓝，与沙发上的蓝色抱枕和橘色毛毯相呼应，另一个抱枕则与绿色亮光的窗帘色彩一致，只是纹理不同。所有这些对比色彩和材质都通过白色双人布艺沙发进行了调和，从而打造出阳光明媚的空间氛围。与之对比的图3-74，布艺的色彩对比过多，色彩之间没有呼应，形态花哨，整体上给人混乱感，有种说不出来的尴尬。由此也提醒大家，一方面要提升自己的审美，同时还要动手实践，才能快速提升自己的软装搭配技巧。下一章将

图3-74 不同色系、不同纹理搭配2

面做出了区分。窗帘选取纯色纱质，更显轻盈灵动又不突兀，衬托出整个空间的干净、温馨。

图 3-75 这个案例整体看起来舒服、干净，主要运用了同类色系和对比色系的搭配方法来进行织物的选用。米灰色的主沙发和整个空间的大面积色系相呼应，搭配浅蓝灰色抱枕进行颜色的对比，又与左右两个单人沙发呼应。仔细看左右两个沙发的颜色是有细微变化的，在运用对称法则的同时进行了区分。右边沙发搭配深蓝色抱枕，既融入整个空间，又起到了调节空间的作用，使空间层次加深。同样，地毯也选用了蓝灰色和米黄色系，这两个颜色都和沙发的颜色统一，加上同样色系的窗帘，整体空间显得极为和谐，给人干净、整洁、舒适之感。

图 3-76 纺织品的材料对比

介绍如何使用计算机辅助工具完成软装设计方案，并教授如何制作材料样板。

图 3-76 中涉及的织物主要是沙发和抱枕，运用了纺织品的材料对比，将丝绸质感的抱枕与金丝绒面料的沙发进行对比，产生层次。四人沙发选用孔雀蓝，和粉色单人沙发椅形成色彩对比，并搭配一个粉色抱枕与之互相辉映，又增加了深红色抱枕作为跳色，使之有了重色，更加深了层次感。地毯颜色采取比较保守的米灰色，属于和墙地面的同类色系，加上深深浅浅的花纹样式，又与墙地

图 3-75 同类色系和对比色系的搭配

3.5 艺术品

　　给艺术品分类的确是一件不太容易的事情，时代更迭可追溯至史前石器时代，地域分布则可以包含全球任何一个地区，每个时代和每个地区的人拥有不同的审美观，因此分类方式也不同。当下的时代背景特色是什么？互联网时代、共享时代、文化全球化与区域化等词组可以描绘出主流社会的市民生活现状，本书正是在此背景下分析市场上出现的艺术品类别。市面上一些书籍提供了多种分类方式，一些设计师也阐述过艺术品分类方法，本书不再重复论述。

　　自古中国人的日常生活就非常讲究，首先设计师要从整体上了解中国传统的工艺品种类，这样设计出来的中国风就不会不伦不类了。接着设计师要了解艺术品陈列的注意事项、艺术品的混搭方法，最终目的是让艺术品成为空间中的亮点而不是败笔（图3-77）。

图 3-77 不论是架上绘画还是古董家具，不论是自创涂鸦还是收藏画作，只要用对了展示方式，都能将一个普通房间转变成一个艺术空间

图 3-78 《长物志》各章主题概览

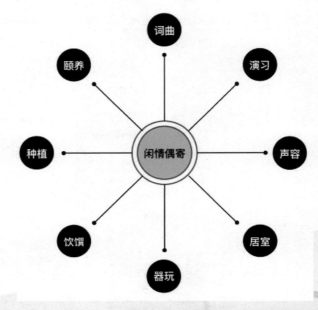

图 3-79 《闲情偶寄》各章主题概览

这里，首先展示一下明清时文人所崇尚的艺术化生活有哪些类别，以及他们追求的审美标准是什么。400 年前文震亨创作了《长物志》（1621 年），堪称中国文人雅士雅致生活的教科书，半个世纪后的清代文人李渔又写了一本《闲情偶寄》（1667 年）详细展示老百姓阶层在日常生活对美的追求。我们从这两部著作的章节标题中（图3-78、图3-79），就能直接感受到当时文人对雅致生活的极致追求。当然，软装设计师也能从中汲取设计灵感。

《长物志》的器具篇分别介绍了香炉、香合、隔火、香筒这几种与焚香有关的器具，又在香茗篇推介了沉香以及安息香两种香中佳品的使用方法。图 3-80 这件作品保留了香筒的插香方式，又结合了砚山的形态，成为一件既体现中国风格又现代的艺术品。这件作品由惠董制器设计和制作，像这类既蕴含文化又兼现代美学的物件在市场上很受欢迎，说明越来越多的国人热爱中国文化，追求古人生活的闲情和风雅。这几件风雅小物出自"惠董制器"。镇纸是文人墨客看书、学画、练字必备器物。图 3-81 这一款圆形镇纸小巧随意，专门用于案头看书时使用，精致又典雅。

据惠董制器创始人之一彭惠心女士介绍，这款手工打造的紫檀黄铜镇纸，每种款式每个月生产约 3000 个，供不应求。另一款惠董制器打造的紫光檀嵌银杏叶铜箔杯垫，也颇受欢迎（图 3-82）。饮茶这一日常行为，古代文人称之为品茗、煎茶、烹茶，常与访友、焚香、抚琴、对弈、濯足、纳凉、鉴赏、玩鹤、插花、读书、赋诗等活动一同出现。有兴趣的读者可以研读宋代最会生活的文豪苏轼总结的《赏心十六乐事》，体会一下文人雅士的理想生活方式。

赏心十六乐事

苏轼（宋）

清溪浅水行舟；

微雨竹窗夜话；

暑至临溪濯足；

雨后登楼看山；

柳阴堤畔闲行；

花坞樽前微笑；

隔江山寺闻钟；

月下东邻吹箫；

晨兴半炷茗香；

午倦一方藤枕；

开瓮勿逢陶谢；

接客不着衣冠；

乞得名花盛开；

飞来家禽自语；

客至汲泉烹茶；

抚琴听者知音。

图 3-82 "惠董制器"紫光檀嵌银杏叶杯垫

图 3-80 "惠董制器"香筒与砚山

图 3-81 "惠董制器"镇纸

3.5.1 艺术品陈列注意事项

不要在家里放一件虽然有用，但你认为并不美的东西。

——威廉·莫里斯

图 3-83 上方的射灯，突出了艺术品的视觉效果

如果你不是艺术家或设计师，但是你热爱生活，喜欢艺术收藏，也希望自己生活在一个艺术氛围浓厚的居室空间中，你可以先打造一个中性色调的家居背景，因为高级灰总是艺术家的最爱，接着将自己喜欢的艺术品和创作亮出来。如果是雕塑，可以找到合适的桌子和搁架；如果是小幅具象画或草图，可以先裱框，将多个画框放在同一面墙上，画框的材料和颜色要保持一致；如果是大幅现代油画，则不用裱框，选择白墙或灰墙做背景，前面再配上一些小雕塑，效果很不错。切记，一个空间中的艺术品不在于多，而在于放对了地方，就能在细节之处让人感受到艺术之美。

艺术品陈列注意事项1：分析艺术品的尺寸。大尺寸艺术品需要的空间大，小尺寸艺术品的空间相应缩小。

艺术品陈列注意事项2：考虑陈列环境的灯光条件。前面讲过灯饰要素，它是软装设计中非常重要的组成部分，灯具会成为展示艺术品的必要基础条件。在客厅中，可以适当地配置射灯，因为当射灯从斜上方打在艺术品上时，就会出现博物馆陈列的视觉效果。在图3-83中，如果没有上方的射灯，就突出不了艺术品的质感，墙面看上去就会过于平淡，也起不到点缀空间的效果。

艺术品陈列注意事项3：将艺术品的最佳欣赏角度呈现出来。如果把艺术品随意摆放，这样不但无视作品的欣赏价值，也是对创作者的不尊重。此外，还有一些具体的陈列技巧供大家参考。

艺术品陈列技巧 1：放置艺术品的空间，遵循图底关系法则，突出前景艺术品，那么背景一定要简单，才能凸显艺术品精致的细节或者朴拙的造型。除非墙面就是艺术品，例如采用的是威廉·莫里斯设计的图案设计墙纸，否则，可以参考图 3-84 这个案例，长条桌上的与背景风格一致的艺术品无法凸显，而纯白色的鹦鹉和灯罩反而凸显，因为遵守了图底关系法则。

艺术品陈列技巧 2：艺术品上一定要打上暖黄色的灯光，才能让人感受到博物馆级别的陈列效果（图 3-85）。

艺术品陈列技巧 3：同类型或同色系的艺术品可以成组展示，更凸显艺术品的视觉冲击力。

艺术品的展示架分为封闭式和开放式两种。就像图 3-85 中用于陈列艺术品的展架，各有各的好处。右图是封闭式玻璃柜，不容易积灰，更好地保护艺术品；而左图中的开放式搁架更具现代感，方便艺术品和画作定期更换和移动。如果你搜集的艺术品多种多样，这两种类型的陈列方式你都需要。

图 3-84 纯白色的鹦鹉和灯罩因为遵守了图底关系法则得以凸显

图 3-85 封闭式和开放式的艺术品展示架

图 3-86 画作的摆放及画框搭配 1

不论是收藏名画还是自己的信手涂鸦，你都需要用心考虑它们在房间中的位置以及搭配什么画框。画作的高度应该控制得恰到好处，适合人欣赏。高度的控制与两个条件相关：画作的大小和人的观赏角度（图 3-86、图 3-87）。

图 3-87 画作的摆放及画框搭配 2

图 3-88 画作的摆放及画框搭配 3

如果是 20cm×20cm 左右的小型画作，那么就用相框裱好摆在床头柜上；如果要放在搁架上，画框的二分之一处离地 1400mm 的距离，是人眼近距离观赏画作的最佳高度；如果是 50cm×50cm 左右的中型画作，可以矩阵式排列或者对称式排列；如果是 1m×1m 左右以上的大型画作面积，比较适合远距离观赏，挂画时要保证画作的中心点（画心）高度为 1400mm。

画框的选择可遵循以下规律：古典油画要用欧式框，中国画用平框，现代抽象画可不用框；大画用宽边框，小画用窄边框（图 3-88、图 3-89）。

图 3-89 画作的摆放及画框搭配 4

3.5.2 艺术品的混搭技巧

"合并同类艺术项"是最容易掌握和出效果的艺术品混搭技巧。简而言之，就是将具有某些共性特征的艺术品放在一起，如柜子上的玻璃器皿，可以是不同时代的艺术结晶，但是必须都是同色系的玻璃材质，放在一起才有格调；墙上的画作，可以全部是水彩画，或者全部是工笔花鸟画，盘子也可以挂到墙上，但是材料是青花瓷的或银质的。

如果客户拥有的艺术品种类繁多，建议运用"合并同类艺术项"原则，将同类材质或色彩相邻的物件集中在同一个空间中，这样每进入一个空间，就会强烈地感受到不同风格的艺术气息。图3-90所示的案例中，可以看到墙面两幅画作是统一风格，左侧有三个窄口白色花瓶，旁边又有两个材质相同的花瓶，虽然五个形态各异的花瓶放在一起，但分成了2组，和而不同。

图3-90 用"合并同类艺术项"原则进行艺术品混搭

图3-91 小型艺术品摆件的摆放

面对多个小型的艺术品摆件，软装设计师不仅可从颜色的角度，也可从材质的角度考虑如何混搭(图3-91)。如果是石材、金属和玻璃质地的，周围要搭配一些灰色或白色的布艺软装，软化材质带给人的冷酷感；如果是木材、陶土类的雕塑，则与木头或红砖的背景墙比较搭配。近年来，许多软装设计师喜欢用布艺墙面作为陶土雕塑作品的背景，装饰效果相当不错。

总之，软装设计师通过"合并同类艺术项"搭配原则，可以使得空间既有层次又不显凌乱。

第 4 章　软装方案的表现方式

* 学习利用软装设计工具快速完成一套软装方案

* 自制材料样板电子数据库

4.1 软装方案设计与制作

俗话说：工欲善其事，必先利其器。在我们掌握了软装设计的基本知识后，需要借助一些专业软件来实现设计方案，才能进一步将我们的设计构想落地。

在互联网时代，软装设计师搜集软装资料的途径很多，但是面对海量的设计案例，建议大家借助在线软件来进行整理，方便大家快速构思一套可行性较强的软装方案。推荐大家使用软装设计App——"美间"。这个软件学起来容易，手机和电脑可以同时操作，而且是一个软装爱好者、软装设计师、客户共建的平台，注册会员都可以上传自己的设计方案。如果不想注册会员也没有关系，仍然可以看到其他人分享的设计方案。建议大家可以尝试使用软装设计软件，来制作一套软装方案。

4.1.1 6个步骤完成一套软装设计方案

从灵感到真实空间的呈现，从效果图到材料样板，软装设计师在设计和制作软装方案的过程中，都会经历以下设计过程，直到方案完整呈现（图4-1）。软装方案设计可分为以下六个步骤，之后具体描述一个案例的制作过程和美间软件使用技巧（图4-2）。

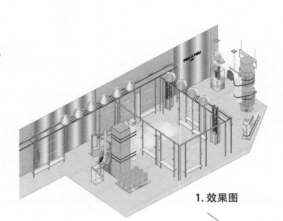

1. 效果图

2. 材料样板

3. 空间实景

步骤1：明确主要功能。

步骤2：明确风格和主色调。

步骤3：确定软装五要素。

步骤4：方案调整。

步骤5：审视方案。

步骤6：导出拼贴图清单。

图 4-1　从效果图到材料样板再到空间实景

步骤 1　　　　　　步骤 2　　　　　　步骤 3

明确主要功能　　　　**明确风格和主色调**　　　　**确定软装五要素**

根据客户的需求，制订大致的软装方案。根据已测量的空间尺寸在美间App中选择合适的空间场景。

明确画面中主要家具的形态、风格、颜色等基本特征。

确定软装五要素（参考本书第3章）：家具、灯具、花艺、布艺以及艺术品的数量、位置、颜色，完成一个初步方案。

步骤 4

方案调整

在方案调整阶段，可以不断地替换不同的各种配饰；增加场景的光照效果；在画面空白背景处增加可以表达设计灵感的文字说明。在软件中进行反复试验，直到找到满意的画面效果。

步骤 5

审视方案

如果一个方案一直不能达到满意的效果，可以先保存文件，再新开一个窗口，将上一个方案中最满意的部分保留，其他的内容删除。相当于回到步骤2，重新增加软装五要素。可以将新方案与旧方案进行比较，选择一个相对满意的。

步骤 6

导出拼贴图清单

在美间软件中选择的家具、灯具等产品，大部分可以在市场上购买到。软装设计师可以导出拼图清单，与方案拼贴图一起，发送给客户。这个清单既能帮助软装设计师明确成本，也方便客户了解产品的基本信息和市场价格。

图 4-2 软装方案设计六大步骤

4.1.2 软装App使用小贴士

小贴士1：快速建立画布和搜索单品（图4-3、图4-4）

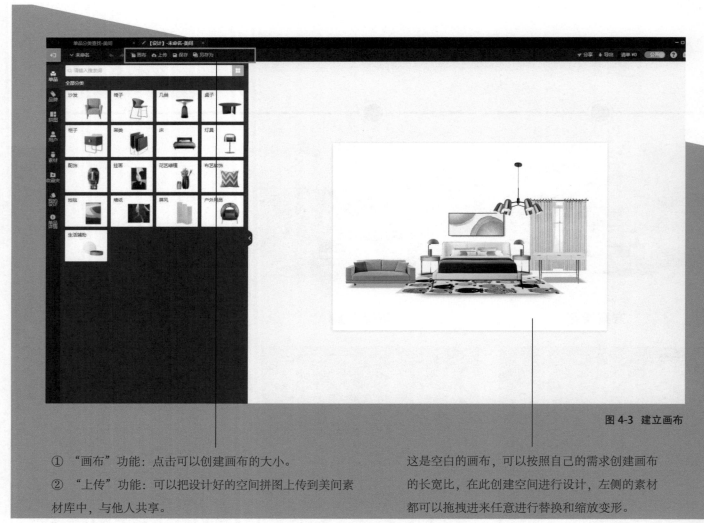

图 4-3 建立画布

① "画布"功能：点击可以创建画布的大小。

② "上传"功能：可以把设计好的空间拼图上传到美间素材库中，与他人共享。

③ "保存"功能：点击左上角蓝色图标，选择"保存并退出"。拼图制作过程中，每隔 60s 系统会自动保存，也可以在键盘上按 Ctrl+S 进行保存。

这是空白的画布，可以按照自己的需求创建画布的长宽比，在此创建空间进行设计，左侧的素材都可以拖拽进来任意进行替换和缩放变形。

品牌按钮　　① 搜索品牌：点击"品牌"图标，进入品牌搜索页面，可在

品牌搜索栏输入品牌相关信息进行搜索。

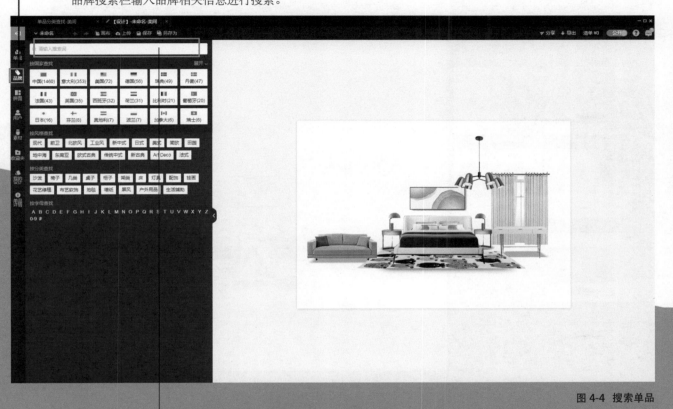

搜索栏

图 4-4 搜索单品

② 搜索单品：文字搜索和筛选搜索。

点击"搜索"图标，在新的页面里点击"单品"图标，进入单品搜索页面，在单品搜索栏输入单品相关信息进行搜索。例如点击分类标签的"沙发"图标，进入沙发搜索页面。再次点击搜索栏右边的"筛选"图标，可以对价格、颜色、风格进行筛选。

搜索结果左上方图标"全部""已入驻""有佣金"，可以对单品进行不同结果的筛选。

搜索结果右上方图标"最热""最新"，可以更改搜索结果的排序方式。

小贴士2：善用拼图找灵感（图4-5）

拼图按钮

图 4-5 拼图

搜索拼图：点击"搜索"图标，拼图搜索页面，在拼图搜索栏输入拼图相关信息进行搜索。

该页面有场景标签、风格标签、格调标签。比如点击场景标签的"卧室"图标，进入拼图搜索页面，再次点击搜索栏右边的"筛选"图标，可以看到其他设计师已经完成的拼贴方案，如果觉得他们的方案不错，也可以直接在上面修改和调整，保存为自己的方案。

小贴士3：辅助效果增添画面感染力（图4-6）

① 添加文本：输入快捷键"t"，或者点击左边工具栏"辅助效果"，点击"添加文本"图标，对文字进行色彩、字体样式等编辑。

② 图形标注：点击左边工具栏"辅助效果"，点击"图形"图标，选取符合条件的图形，对图形进行色彩调整、上下层移动等编辑；同时，图形的色彩支持 HEX、RGBA、HSLA 三种数值输入。

③ 灯光效果：点击左边工具栏"辅助效果"，点击"灯光"图标，选取合适的灯光，添加进画布美化设计；灯光效果里有冷暖灯光可供不同的空间进行选择。

④ 阴影效果：点击左边工具栏"辅助效果"，点击"阴影"图标，选择合适的阴影，添加进画布美化设计。

⑤ 色卡装饰：点击左边工具栏"辅助效果"，点击"色卡"图标，选择合适的色卡造型，对色卡进行色彩选取、大小调整等编辑。

⑥ 排版装饰：点击左边工具栏"辅助效果"，点击"排版装饰"图标，选择合适的排版装饰图标，对设计效果进行美化。

图 4-6 辅助效果增添画面感染力

小贴士4：导出拼图清单，一目了然（图4-7、图4-8）

"导出"和"清单"按钮

图 4-7 导出拼图清单

美间软件里设置了"清单"按钮，可导出你的"拼图"产品，点击旁边的"导出"按钮，获得一个 Excel 或 PDF 格式的清单文件。"导出"和"清单"功能的应用价值有三点：

① 便于设计师查漏补缺；

② 每一稿方案修改之后，设计方案的产品信息明确，便于和客户明确软装成本；

③ 在软装采购环节和现场布置环节，便于软装设计师与客户核对物料数量。

在这里可以选择性地
勾选你想要生成的单
品清单

关于单品的风格、颜
色、材质、尺寸都可
以手动更改

手动更改单品数量

显示单品价格

		单品名称		详细描述	数量	购买渠道	美间链接	价格
拼图名称：儿童房-								
☑		朴作-三抽书桌 系列 品牌 朴作Pure Life 分类 书桌		风格 北欧风 颜色 米色 材质 密度板 不锈钢 尺寸 1300*600*750mm	⊟ 1 ⊞	无链接	美间链接 ⊕	¥3358.8
☑		调光空间 简约现代多比用灯 P... 系列 品牌 调光空间 分类 吊灯		风格 现代 颜色 粉色 材质 尺寸	⊟ 1 ⊞	淘宝链接 ○	美间链接 ⊕	¥1104
☑		后现代个性北欧极简儿童房女... 系列 品牌 差点艺术ALMOST ART 分类 台灯		风格 北欧风 颜色 粉色 材质 钢 尺寸 28*50cm	⊟ 1 ⊞	淘宝链接 ○	美间链接 ⊕	¥594
☑		LILILI映画抽象水彩客厅画北... 系列 LILILI映画、抽象水彩 品牌 LILILI映画 分类 装饰画		风格 现代 颜色 粉色 材质 油画布 PS 尺寸 30*100cm（40*120/60*...	⊟ 1 ⊞	淘宝链接 ○	美间链接 ⊕	¥204.6

图 4-8 导出选项

| ☑ 已选 11 | ☐ 导出时隐藏价格 | ☐ 导出时隐藏美间链接 | 总价 ¥ 10100.4 | 导出清单 |

EXCEL 格式
不含拼图PDF
含拼图PDF
导出表单

选择"导出时隐藏价
格"可以导出不含价
格的清单

选择"导出时隐藏美
间链接"可以导出不
含美间单品的清单

点击图标出现下拉菜单，
根据需要选择并导出

4.1.3 美间软装方案分析

(1) 新中式风格案例

初稿（图4-9）中，整体风格的调性和新中式还是契合的，但是空间显得不够饱满，原因是软装设计不到位，家具摆放显得空间零散。

对初稿进行以下深化得到深化稿（图4-10）。

① 墙纸的更改。从初稿的半面墙纸改成三面，去掉初稿的竖向挂画，让墙纸铺满三面，整个空间立刻就变得整体了。

② 灯具的选用。初稿的床头灯不属于新中式的灯具，左边落地灯的摆放位置也不恰当。

③ 绿植。绿植由于色彩饱和度高，初稿的绿植面积大且破坏了前方屏风的造型，深化稿去掉后改为小的盆栽，丰富画面的同时又不过于抢眼。

④ 家具。深化稿在左侧休闲椅旁增加小茶几，增加了实用性，又丰富了画面的构图。

⑤ 织物。初稿中几乎没有床上用品搭配，深化稿增加了抱枕和红色的毯子，既丰富画面又起到点睛之笔的作用。

⑥ 地毯。深化稿增加了地毯后平衡了空间的整体性，又兼具实用性。

图4-9 新中式风格案例初稿

图 4-10　新中式风格案例深化稿

(2) 简欧风格案例

初稿如图 4-11 所示，存在以下问题：① 空间不整体；②软装配饰风格有偏差；③家具摆放位置不合理；④缺少家具。

深化稿如图 4-12 所示，进行了以下深化。

① 挂画。整体是欧式风格，而初稿挑选的挂画属于现代风格，深化稿替换为古典欧式风格的挂画后增加了空间氛围。

② 床头柜装饰。初稿的右边床头柜上摆放的装饰物过多，使空间不平衡，深化稿进行更改后空间画面趋于均衡。

③ 沙发。初稿选用的沙发过于笨重，适合放在客厅使用。一般单人沙发的体量更适合放在卧室使用。

④ 边柜。深化稿增加边柜后，减少了视觉上的单调，也增加了日常使用功能。

图 4-11 简欧风格案例初稿

图 4-12 简欧风格案例深化稿

(3) 现代风格案例

初稿如图 4-13 所示，存在以下问题：①细节色彩搭配有问题；②绿植的选用不合理。

深化稿 1 如图 4-14 所示，进行了以下深化。

① 绿植。初稿的绿植更适合放在北欧等清新风格家居中，这个空间整体色彩大胆、风格前卫，不适合放置不规则的绿植配饰。

② 颜色。为了呼应上方的灯具色彩，所以把前方书籍配饰更改为红色。

深化稿 2 如图 4-15 所示，进行了以下深化。

① 把初稿的散落式的花卉更改成具有规则形态的陶瓷茶具，更符合空间风格。

② 初稿中红色的书籍占比太多，过于抢眼，深化稿 2 换为黑色更加契合空间整体。深化稿 2 在床上放置一束玫瑰，既中和画面色彩，又为空间增加了一丝生机。

图 4-13 现代风格案例初稿

图 4-14 现代风格案例深化稿 1

图 4-15 现代风格案例深化稿 2

4.2 软装材料样板制作

对于软装设计师来说，除了学会相应的软件和熟练的专业知识外，"材料样板"是一个绕不开的课题。我们都知道，制作一张室内设计效果图需要使用软件编辑、渲染和修饰，有时设计师不惜改变家具、地板、壁纸的肌理和颜色来实现美化效果。相比而言，一份材料样板更为真实可信。因此，除了效果图外，笔者建议软装设计师重视软装材料样板的制作，不仅帮助你明确材料的实际状态，也有助于提高与客户的沟通效率。

现在市场上的材料更新换代非常快，软装设计师应该多参观建筑、室内和家具等相关行业的会展，掌握市场上各种新鲜材料的资讯，有助于提高软装设计方案的可行性。

下面分析一下材料样板的形式美。请看图4-16～图4-23范例图片，每一块物料都直观地展示出软装风格，并且给人以无限联想。如果软装设计师在给客户汇报方案前，在会议桌上摆放这样一组软装材料样板，相信客户也会更容易理解和决策设计方案。

4.2.1 材料样板的形式美分析

(1) 复古风格材料样板

　　分析近几年兴起的复古装饰风格特征，软装设计师常常将做旧的金属材料和木质材料搭配。金属给人以冰冷感，而温润的木质给人以暖意，这样的组合营造出既有历史感又不乏生机的家居风格。带有格子、花鸟纹样的布料也是极好搭配的元素。建议将复古纹样搭配简洁的白色棉麻质感的织物，可以做到简繁平衡，又让空间具有层次感。虽然复古风格的材料色彩偏深，纹理厚重，但能营造出古典油画般的质感（图4-16、图4-17）。

(2) 新中式风格材料样板

　　新中式风格整体看起来素雅大方，配色以黑、白、灰为主，以红、黄、蓝、绿作为搭配色出现，为了凸显室内家具与配饰，墙面多以白或灰为主，偶尔出现一点鲜艳颜色作为点缀。有些软装物件配以素雅的传统纹样，更具有浓浓的中式味道。室内主要家具均以原木质地呈现，织物多选用棉、麻、丝等材料，常常选用同色系但不同纹理的搭配原则（图4-18、图4-19）。

图4-16　文艺复古风格材料样板1

图4-17　文艺复古风格材料样板2

图4-18　新中式风格材料样板1

图4-19　新中式风格材料样板2

(3) 现代轻奢风格材料样板

图4-20为现代流行的轻奢风格之典型案例，貌似简单却透露出奢华感。软装设计师只需在现代简约风格中加入少量奢侈品或者奢华的元素，就能成功打造出轻奢风格。现代轻奢风格常用高级灰作为背景，诸如驼色、象牙白、奶咖、黑色及炭灰色都属于呈现优雅调性的色彩。选用原木、丝绒、大理石、黄铜、手绘陶瓷等材料作为主角，其中黄铜和大理石是最容易营造奢华感的材质。黄铜的暖黄色泽与大理石温润形成弱对比，表现为一种富有内敛张力的艺术性。

图 4-20 现代轻奢风格材料样板

(4) 极简风格材料样板

极简风格常采用大量留白、少量陈设来降低物品带来的束缚之感，元素看似减少但是并不意味着设计变简单，反而会更加突出材料使用的重要性。百搭白、高级灰、炫酷黑这些颜色总是可以搭配出极简硬朗的气质。原木色、深棕色、米白色这些颜色搭配在一起，让空间多了一分理性的冷静。没有了繁复华丽的花样与纹饰，偏重于原木色的用料，为室内创造出一种自然简约的风范，充满了静谧、安宁、简洁的感觉。天然的材料总是给人无法抗拒的魅力（图4-21）。

图 4-21 极简风格材料样板

(5) 几何抽象风格材料样板

　　具有几何抽象风格的室内空间，总是以大面积的白色衬托色彩明亮的颜色出现。简单的色块、直线与曲线的融合使用颇有蒙德里安的艺术风格。室内常以长方形、正方形、无色、无装饰、直角、光滑的板料作为墙面。材料颜色常采用邻近色系，搭配效果和谐且不失活力，还会使用原木材质增加空间的暖意，传达出自由休闲的生活方式（图 4-22、图 4-23）。

图 4-22　几何抽象风格材料样板 1

图 4-23　几何抽象风格材料样板 2

4.2.2 材料样板的应用案例解析

为了大家能更好地了解材料使用在空间中的作用，下面以欧社上海博华广场店为例，进行深入分析（图4-24）。

图 4-24 欧社上海博华广场店

案例名称：欧社上海博华广场店
概念：Farmyard（农场）
面积：260 m²
地址：上海黄浦区山海关路 388 号博华广场 4 楼 L4-03
设计公司：So Studio（所以设计工作室）
软包布料品牌：Gabriel

该项目空间设计的灵感来源于餐厅主厨故乡的法国农庄，以及主厨根植于季节和自然的厨艺理念。由此，软装设计师决定打造一个讲述"自然生长秘密"的进餐空间。首先，确定以自然材料和色调为主。从图 4-25 主要材料样板中可以看到，以浅色藤编材质为主，地面使用灰白色的水泥砖，半高的隔断则运用干净的白色大理石，打造出一个轻松的用餐氛围。接着，从图 4-26 次要材料样板中可以看到手绘瓷砖的面积最大，材料、颜色和图案的设计强化了自然农庄的主题。最后，再看图 4-27 辅助材料样板，其实还是在主次材料样板的基调上，增加了同色但不同触感的材料，丰富了餐厅的材质类型，达到统一又丰富的视觉效果。图 4-28~图 4-32 就是餐厅实际完工的样貌。

图 4-25　主要材料样板

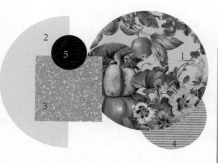

图 4-26　次要材料样板

图 4-27　辅助材料样板

1. 藤编（装饰，屏风，家具）

2. 浅灰色艺术涂料（天花）

3. 水泥砖（地面）

4. 实木（墙面，综合柜）

5. 深绿色艺术漆（天花）

6. 爵士白大理石（桌面，综合柜柜面）

1. 手绘瓷砖（墙面）

2. 浅黄色木质烤漆（门、装饰、吧台后墙面层板）

3. 灰色水磨石预制板（VIP 室地面）

4. 艺术批荡（门头、天花）

5. 黑色砖（地面）

1. 深绿拼砖（吧台墙面，带位台柜面）

2. 白色黑纹大理石（吧台地面）

3. 白绿色大理石拼砖（吧台地面）

4. 黑色花岗岩（吧台台面）

5. 黑钢氟碳烤漆（造型收口等细节）

6. 夯土（植物装置）

1. 接待台
2. 吧台
3. 餐区
4. 包间
5. 开放厨房
6. 露台

图 4-28 家具布置图

图 4-29 餐厅用餐区视角，如图 4-28 中数字 1 所示

1 白天，大面积落地窗使内部通向外部的视线毫无阻隔。天光渐暗之后，室内 2700K 的光源色与餐厅藤编主材完美融合，打造出别样柔和的进餐氛围

图 4-30 餐厅卡座视角，如图 4-28 中数字 2 所示

图 4-31 餐厅料理区视角，如图 4-28 中数字 3 所示

2 弧形藤编顶棚营造出一个半围合空间，还
能远距离欣赏手绘陶瓷画面

3 在吧台、餐区、包间地面，设计师用材质的
延伸作为生长意象，将相同的材质从地面延
伸到墙面，又从墙面延伸到顶面

图 4-32 吧台视角，如图 4-28 中数字 4 所示

4 入口吧台区域是材料种类最丰富的区域，与内部轻松明亮的空间氛围
截然不同，给人以摩登又时尚的感受

参考文献

[1] 李渔 . 闲情偶寄 [M]. 上海：上海古籍出版社，2000.

[2] 文震亨 . 长物志 [M]. 北京：中华书局，2012.

[3] 林语堂 . 生活的艺术[M]. 长沙：湖南文艺出版社，2014.

[4] 马丽、刘紫维 . 室内光环境设计师培养手册 [M]. 北京：化学工业出版社，2019.

[5] 马丽 . 居室设计创意指导手册[M]. 上海：上海人民美术出版社，2014.

后记

　　我撰写本书最初的目的是为了优化教学质量，为了更好地服务于学生，帮助他们在几周的教学中，快速掌握软装设计的要领。后来，我在与一些热衷软装设计的爱好者们交流的过程中发现，他们在自己工作之余也想自学软装设计，掌握软装搭配的技巧。于是，我就从软装设计人才培养的角度筹划编写这本《软装设计师培养手册》。

　　自 2018 年开始，我就在本科生的课程中，一边教学，一边带领学生开始运用软装设计软件分析不同软装风格的特色，经过半年，完成了 100 多个原创案例的设计和分析，并将其中有教学价值的内容和案例分享在本书中。但是，到了正式开始编写本书时我发现过程并不顺畅。自 2019 年中秋开始，我和彦之一起探讨本书的目录、排版、案例等内容，虽然探讨多次，但始终不满意。我觉得想说的内容太杂，案例太多，看起来像一本案例手册，而不是一本培养手册。于是我退回原点，重新审视本书的价值，在于教会大家"怎么学""怎么分析"，而不是提供大量的软装案例供读者查阅，终于明确了本书的重点，后面写起来就顺畅多了。然而，刚过 2020 年元旦，就开始爆发新冠肺炎疫情，本来计划 3 月完稿，但受疫情影响，我和彦之不能见面探讨书稿中的问题，各自先按计划写好内容。其间，我和温彦之都生病了一次。之后，两人只好在线上加强沟通，绞尽脑汁也要如期完成书稿，真是一次难忘的编书经历，值得纪念。